NOUVELLES RECHERCHES

SUR LA

GÉNÉRATION

DES ÊTRES ORGANISÉS,

AUXQUELLES on a joint quelques conjectures sur les principes des Corps, & une nouvelle théorie de la Terre.

Par PIERRE-EUTROPE S*****,

A PARIS,

Chez la Veuve HUMAIRE, Libraire, rue du Marché-Palu, entre la rue Notre-Dame & le Petit-Châtelet, vis-à-vis la Vierge.

M. DCC. LXXXIII.

Avec Approbation, & Privilege du Roi.

AVERTISSEMENT.

Lorsque nous commençâmes les Recherces qu'on va lire, nous n'avions d'autre but que de faire quelques tentatives pour dévoiler le myſtere de la génération ; mais le plan que nous nous étions tracé, nous obligea de remonter juſqu'aux principes des corps & à la formation de notre globe. Nous croyons inutile de prévenir nos Lecteurs, que notre principale attention a été d'épier la marche de la nature, d'examiner ſes procédés, & de chercher à diſtinguer les divers moyens par leſquels elle les exécute : ils s'en appercevront aiſément ; mais nous devons les avertir que les faits ont été les ſeuls guides auxquels nous ayons eu recours ; que nous avons eu l'attention de n'en admettre aucun, qui n'ait ſubi un examen rigoureux, & que l'impartialité la plus ſtricte a préſidé à ce travail.

Nous prions nos Lecteurs de faire moins attention à la maniere dont cet Ouvrage eſt écrit, qu'aux choſes qu'il contient (1). Nous déſirerions que cha-

______

(1) Nous ſentons qu'il pourroit être beaucoup mieux écrit ; mais la multiplicité de nos occupations ne nous a

cun d'eux voulût bien prendre la peine de nous faire part des réflexions que chaque article pourroit lui suggérer, afin que nous puſſions donner plus de clarté à nos idées, ou rectifier les erreurs dans leſquelles nous pourrions être tombés (1). Si l'on juge que ce travail puiſſe être de quelqu'utilité, nous reprendrons la plume pour traiter chaque ſujet avec plus d'étendue, & dans un ordre différent de celui que nous ſuivons aujourd'hui ; & alors nous répondrons à toutes les objections qu'on aura cru devoir nous adreſſer. Nous mettrons dans nos examens toute la bonne foi qu'on doit avoir, lorſqu'on ne ſe propoſe pour but que la connoiſſance de la vérité. Si l'on parvient à nous prouver, par de bonnes raiſons, l'inutilité de nos tentatives, nous en conviendrons ſincerement, en abandonnant à d'autres l'honneur du ſuccès.

---

permis que de nous appliquer à être clair & précis : heureux encore ſi nous y avons réuſſi !

(1) Il faudroit alors qu'ils euſſent la bonté d'adreſſer leurs écrits à Madame la veuve Humaire, Libraire, rue du Marché-Palu, entre la rue Notre-Dame & le Petit-Châtelet, vis-à-vis la Vierge, à Paris, en ayant l'attention d'en affranchir le port.

NOUVELLES RECHERCHES

SUR LA

GÉNÉRATION

DES ÊTRES ORGANISÉS,

Auxquelles on a joint quelques conjectures fur les principes des
corps, & une nouvelle théorie
de la terre.

PREMIERE SECTION.

*Recherches relatives à la génération
de l'homme.*

Personne n'ignore que le concours
des deux fexes eft l'unique voie par laquelle l'efpece humaine puiffe fe reproduire : on fçait que l'homme, pendant
cette action, dépofe, dans l'intérieur des
parties génitales de la femme, la liqueur
qui eft deftinée à la féconde. Mais quelle

eſt la ſuite des procédés que la nature emploie pour arriver à ſon but ? C'eſt un de
ces myſteres qu'on n'a pu encore dévoiler
& qui va faire l'objet de nos recherches.

ARTICLE PREMIER

*La liqueur ſéminale de l'homme pénétre-
t-elle dans la matrice ?*

LES nombreuſes recherches que l'on a
faites ſur les femelles des animaux, peu
après leur accouplement, loin de ſervir
à décider cette queſtion, n'ont contribué
qu'à faire naître des opinions différentes.
Les uns ſoutiennent, avec *Harvée*, que la
ſemence ne pénétre jamais dans la matrice ; les autres aſſurent, avec *Ruyſche* &
Verheyen, qu'elle y entre toujours. Inter-
rogeons les faits, eux ſeuls nous mettront
en état de prononcer.

1°. Nous obſervons que dans les ſujets
de même taille, la longueur du membre
viril eſt égale à la profondeur du vagin :
cette correſpondance eſt ſi néceſſaire, que
toutes les fois qu'elle ne ſe rencontre point,
ſoit parce que la partie génitale de l'homme eſt trop courte, ſoit parce que le vagin
a trop de profondeur, il n'y a point ordi-
nairement de fécondation.

2°. Dans l'état naturel, la liqueur séminale, au moment de son évacuation, est lancée avec une force capable de lui faire parcourir plusieurs pieds; si quelque cause ralentit son cours, ensorte qu'au lieu d'être dardée elle ne fasse que couler, la femme ne sera point fécondée.

3°. Si, au moment de l'évacuation de la liqueur prolifique, l'extrémité du gland ne se rencontre point vis-à-vis de l'orifice de la matrice, la copulation sera inutile : c'est ce qui arrive toutes les fois que le frein du prépuce est trop court , ce qui oblige le gland à se porter en bas, ou que l'urètre s'ouvre sous le gland; lorsqu'il existe une tumeur dans le vagin, lorsque la matrice est déviée par l'abondance de la graisse, &c. &c.

Ces faits nous paroissent suffire pour décider la question qui nous occupe ; car puisque le défaut de longueur du membre viril , la simple émission de la semence sous éjaculation, l'ouverture de l'urètre sous le gland, &c. &c. font autant de causes de stérilité; il est évident qu'il ne suffit point, pour que la fécondation ait lieu, que la liqueur séminale soit uniquement déposée dans le vagin; mais qu'il faut nécessairement qu'elle pénétre dans la matrice: c'est ce que prouve la réunion des circonstances indispensables , pour que la fécondation ait lieu, telles que le rapport entre la longueur du membre viril & la profondeur du vagin, l'ouverture de l'urètre à l'extrémité du gland, la position de son orifice vis-à-vis de celle de la matrice, & enfin l'éjaculation rapide de la liqueur séminale. Et en effet, il est clair que le but de la nature, en réunissant toutes ces circonstances, a été de favoriser l'entrée de la semence dans la matrice ; & conçoit-on que, l'urètre se rencontrant vis-à-vis de l'orifice de l'*uterus*, la liqueur prolifique puisse être dardée avec la force que nous lui connoissons, sans être obligée de traverser le conduit du museau de tanche ?

Tout concourt donc à nous prouver qu'il est nécessaire, pour que la fécondation ait lieu, q uela semence pénétre dans l'intérieur de la matrice. Passons à l'examen des faits que l'on oppose aux partisans de cette opinion.

Première Objection.

Si la semence pénétroit dans la matrice, on en trouveroit dans celle des animaux qui ont souffert l'approche du mâle ; cependant ni Harvée, ni ceux qui ont répété ces observations, n'en ont jamais rencontré. Ruysch & Verheyen sont les seuls qui assurent en avoir vu ; mais qu'est-ce que le témoignage de deux observateurs contre celui de mille ? N'est-il pas plus raisonnable de croire, que quelques cir- constances les ont induits en erreur, plu- tôt que de préférer leur rapport à celui d'un plus grand nombre ?

Il s'en faut de beaucoup que cette ob- jection soit aussi concluante, en faveur d'*Harvée*, que le prétendent ses Partisans; & voici pourquoi.

On a commencé par établir, que si la semence pénétroit dans la matrice, on l'y trouveroit nécessairement, lorsqu'on ou- vriroit cette partie, peu de temps après la copulation ; puis, en conséquence de ce principe, qui n'est rien moins que certain, on a examiné la matrice des femmes mor- tes dans des circonstances, que l'on croyoit favorables à ces sortes de recherches; on a sacrifié une foule de femelles d'animaux de toute espece ; & comme on n'a point trouvé de semence dans leur matrice, on s'est cru en droit d'en conclure que jamais elle n'y pénétroit.

Mais avant de procéder à ces recher- ches, il nous semble qu'il auroit fallu com- mencer par douter que le moyen, auquel on alloit avoir recours, pût servir à déci- der la question ; ensuite, en le tentant, les Observateurs auroient dû avoir égard aux effets de la crainte, de la douleur & des agitations des animaux qu'ils facrifioient ; effets trop fenfibles dans tout leur indivi-du, pour être conteftés : ils auroient dû diftinguer les fuites de ce défordre univer-fel, d'avec l'état naturel ; réfléchir enfin fur les changemens produits par la mort la plus prompte ; & toutes ces confidéra-tions, que les Obfervateurs paroiffent avoir négligées, les auroient fans doute conduit à des conféquences différentes de celles qu'ils ont adoptées. C'eft ainfi que toutes les fois qu'en obfervant, on néglige de faire attention aux circonftances capables d'influer fur la chofe que l'on defire con-noître, loin de s'inftruire, on fe plonge dans l'erreur.

Il eft facile actuellement de juger pour-quoi on a ouvert tant de femelles d'ani-maux, fans trouver de liqueur féminale dans leur matrice : on voit combien d'obf-tacles s'oppofent au fuccès de ces fortes de recherches. Nous pouvons donc préférer le témoignage de deux Obfervateurs, que le hafard a favorifés, à celui de cent mille, & même d'un plus grand nombre, s'il exifte ; parce que cent mille obfervations mal faites ne prouvent rien.

DEUXIEME OBJECTION.

Perfonne n'ignore qu'il eft des femmes qui ont été fécondées, fans avoir fubi l'in-

troduction de la partie génitale de l'hom-
me ; or, dans ce cas, la semence n'a pu
parvenir dans la matrice ; il suffit donc,
pour que la fécondation ait lieu, que
cette liqueur soit uniquement déposée dans
le vagin.

Le fait qui sert de base à cette objection, est trop bien constaté, pour qu'il
soit permis de le révoquer en doute : mais
pour que la conséquence qu'on en tire fût
admissible, il faudroit que les grossesses
sans introduction fussent très-fréquentes,
& que d'autres faits concourussent à nous
prouver l'inutilité de l'entrée de la semence dans la matrice, pour le succès de la
copulation : car c'est pécher contre les regles de la saine Logique, de tirer une con-
clusion générale d'un cas particulier & ex-
traordinaire.

Pour nous, nous considérerons les grossesses sans introduction, comme un de ces
événemens singuliers, dont le succès dépend de quelques circonstances, qui tendent à l'exécution de la regle établie par
la Nature : voici comme il nous semble
qu'on peut en rendre raison.

Si la femme, qui est conformée de maniere à ne pas permettre d'introduction,
est unie à un homme vigoureux, qui, loin
d'être découragé par les obstacles qu'il ren-

contre, en acquiert plus d'ardeur ; on conçoit qu'alors il dardera sa liqueur féminal-
le, avec une force supérieure à celle qu'elle
auroit eue , si ces obstacles n'eussent pas
existé, ce qui la mettra en état, non-seulement de parcourir toute l'étendue du vagin , mais encore de pénétrer dans l'intérieur de la matrice : de plus , il peut se
rencontrer d'autres circonstances, capables
de suppléer à cette augmentation de vélocité , ou de concourir avec elle au succès
de cette espece de copulation : tel seroit le
peu de longueur du vagin, ou l'augmentation du diamètre de l'orifice de la matrice.
Dans ce dernier cas, une position favorable
de la part de la femme peut seule suppléer
à une forte éjaculation.

D'après cette explication , on voit que
les grossesses sans introduction ne different , de celles qui sont plus naturelles,
qu'en ce qu'elles supposent des circonstances qui se rencontrent difficilement ; aussi
est-il très-rare de les voir réussir.

Comme notre intention est de ne rapporter ici que les principales objections ,
que l'on peut faire sur chaque article, nous
nous bornerons à celles-là ; & nous nous
occuperons des autres dans un autre Ouvrage, où nous examinerons les différens
systêmes qu'on a publiés sur la Génération.

ARTICLE SECOND.

*Que devient la liqueur séminale , après être
parvenue dans la matrice?*

Parmi ceux qui ont admis l'entrée de
la femence dans la cavité de la matrice,
les uns ont cru que cette liqueur féjour-
noit dans cet organe ; d'autres ont préten-
du qu'elle paffoit dans les trompes de Fallop, deftinées , felon eux , à la conduire
aux ovaires : voyons laquelle de ces deux
opinions eft conforme à la vérité.

Il fuffit de comparer la confiftance de la
liqueur féminale avec l'orifice des trompes , pour assûrer qu'il eft impoffible que
cette humeur puiffe pénétrer feule dans
des canaux, dont l'entrée eft fi étroite. Pour
qu'elle y parvînt , il faudroit néceffairement
le fecours d'une force qui l'obligeât d'y entrer : mais c'eft en vain que nous cherche-
rions cette puiffance , elle n'exifte point.
On fcait que, lors de l'éjaculation , le fecond jet de femence a moins de force que
le premier ; par conféquent il ne peut agir
fur la portion de liqueur , qui a pénétré
dans la matrice ; & que cet organe , dans
l'état où nous le fuppofons ici , ne peut
pas fe contracter , fon tiffu trop denfe s'y
oppofant ; d'où il fuit que la femence doit

néceſſairement reſter dans la matrice.

Mais, dira-t on peut-être : comment accorder cette déciſion, avec l'obſervation de *Ruyſche*, qui assûre avoir trouvé de la liqueur ſéminale dans les trompes ?

L'ordre auquel nous nous ſommes aſſujettis, ne nous permet point de répondre ici à cette objection : nous pouvons ſeulement assûrer que l'obſervation de *Ruyſche*, n'eſt nullement contraire au fait que nous venons de démontrer. (*Voyez à la fin de l'Art. V. de cette Section.*)

ARTICLE TROISIEME.

Par quel moyen la ſemence eſt-elle retenue dans la matrice ?

Tous ceux qui conviennent que la liqueur ſeminale ſéjourne dans la matrice, diſent qu'elle y eſt retenue par le reſſerrement du muſeau de tanche, qui a lieu immédiatement après une copulation fécondante.

Il eſt vrai que toutes les fois qu'on touche une femme qui a conçu, on trouve l'orifice de la matrice très-rétréci, & même ſouvent fermé : mais, ſi l'on réfléchit ſur la ſtructure du muſeau de tanche, on ſe convaincra, qu'il eſt impoſſible qu'il puiſſe ſe contracter. Il y a plus ; s'il jouiſſoit de

cette faculté, il en résulteroit un obstacle
à la fécondation, parce que le resserrement
de cette partie s'opéreroit nécessairement
au moment de la copulation, tems où il
existe une irritation bien capable de produire cette constriction : il faut donc que
le resserrement du museau de tanche ait
une autre cause que celle qu'on lui a assi-
gnée ; & afin de la découvrir, recueillons
des faits.

Nous observons 1°. que le rétrécissement, ou l'oblitération de l'orifice de la
matrice n'a lieu, que lorsqu'il y a conception ; 2°. qu'alors le museau de tanche a
plus de volume ; 3°. que cette partie est
douée d'une sensibilité plus grande qu'a-
vant la conception ; & 4°. enfin, que sa
chaleur est plus considérable.

Or, tous ces effets sont évidemment
produits par l'irritation que ces parties
ont éprouvée, au moment où la fécondation a commencé, & que les produits de
la conception entretiennent. Ceci posé, on
conçoit que cette irritation doit nécessairement procurer l'engorgement, non-seulement de la matrice, mais encore du museau de tanche, d'où résulte l'augmentation de sa chaleur, de sa sensibilité, de son
volume, & enfin la diminution, ou l'oblitération de son conduit.

ARTICLE QUATRIEME.

La femme concourt-elle à la formation du nouvel individu ?

IL nous semble que cette question est une des plus faciles à résoudre : voici les faits qui doivent nous forcer à souscrire en faveur de l'affirmative.

1°. Les enfans qui résultent de l'union d'un Européen avec une Africaine, participent des caracteres de leur mere ; ils en ont les traits & la couleur, avec cette différence cependant, que ces caracteres sont moins sensibles, que s'ils eussent eu un Negre pour pere.

2°. Il est peu de familles, où l'on ne voie des enfans ressembler à leur mere ; cette ressemblance est, à la vérité, rarement exacte, mais nous verrons par la suite, qu'il est bien difficile qu'elle le soit.

3°. Les nombreux exemples de vices de conformation, transmis de la mere à l'enfant, sont trop bien constatés, pour souffrir le moindre doute.

Or, nous le demandons à toutes les personnes de bonne foi, & à toutes celles qui, au lieu d'interpréter la nature, ne cherchent qu'à dévoiler ses opérations ; ces faits ne sont-ils pas autant de preuves évi-

dentes

dentes du concours de la femme dans l'œu-
vre de la génération ?

Nous n'ignorons point tout ce qu'ob-
jectent les Partisans de l'opinion contraire.
Nous voudrions rapporter ici les diverses
explications qu'ils donnent de ces faits,
mais comme leur examen intervertiroit
l'ordre auquel nous nous sommes assujettis, & que de plus il nous entraîneroit
dans de trop longs détails, nous nous trouvons forcés de les renvoyer à l'Ouvrage
que nous projettons, en assûrant que ce
n'est qu'après avoir acquis la certitude de
leur insuffisance, que nous nous sommes
déclarés en faveur du concours des deux
sexes.

ARTICLE CINQUIEME.

Par quel moyen la femme contribue-t-elle
à la formation du nouvel être ?

LES Anciens pensoient que la femme
possédoit une liqueur séminale, qui con-
couroit avec celle de l'homme à la reproduction du nouvel individu ; mais le plus
grand nombre des Modernes ont aban-
donné cette opinion pour celle des œufs ;
les faits vont décider cette question.

Nous observerons d'abord que tout ce
qu'on a dit, pour expliquer la fécondation

de ces œufs, se réduit, ou à faire parvenir la liqueur séminale de l'homme à l'ovaire, par le moyen des trompes de Fallop, ou à faire descendre l'œuf dans la matrice par ces mêmes trompes.

Comme nous croyons avoir démontré, (*Art. 2. de cette Sec.*) que la semence ne pénétroit jamais dans ces canaux, nous nous bornerons à examiner s'il est possible que l'œuf puisse parvenir dans la matrice par cette voie.

Lorsqu'on compare le diamètre de la partie supérieure de la trompe, avec la grosseur d'une des vésicules des ovaires, on voit qu'en effet il est possible qu'elle soit admise dans ce canal ; & que même elle puisse en parcourir une certaine étendue : mais en continuant d'observer, on trouve bientôt une disproportion considérable entre le diamètre de la trompe & celle de la vésicule, ensorte que, pour qu'elle puisse continuer sa route, il faut nécessairement que la trompe se contracte ; mais il est certain qu'elle est dépourvue de fibres charnues : l'œuf restera donc à moitié chemin ; mais ce séjour, que plusieurs ont admis, est incompatible avec la position des trompes, & avec le changement qu'elles éprouvent après la copulation. Supposons donc, comme le plus grand nombre des Ovistes le prétendent, que la trompe se contracte :

mais alors conçoit-on que l'œuf, qui ſe trouve preſſé de toutes parts, puiſſe réſiſter à cette compreſſion ? Conçoit-on qu'il ait aſſez de conſiſtance, pour dilater les parois de la matrice qui entourent l'orifice de la trompe ? n'eſt-il pas évident au contraire, qu'il éprouvera une rupture à la premiere preſſion qu'il ſubira ; & alors, pourquoi la nature, ſi ſage dans tous ſes ouvrages, auroit-elle créé un œuf pour le faire rompre enſuite à quelque diſtance de la matrice ? Rendons-lui plus de juſtice ; & croyons que, ſi elle eût voulu que l'homme fût provenu d'un œuf, elle auroit formé un canal, pour le conduire dans la matrice, plus approprié à cet uſage que les trompes.

Mais ſuppoſons pour un inſtant que ces raiſons & ces faits ne ſuffiſent pas, pour prouver que l'exiſtence des œufs eſt une chimere ; examinons ces véſicules, & voyons ſi elles méritent réellement le nom d'œufs.

1°. Chaque véſicule eſt enchaſſée dans l'ovaire, comme un chaton dans une bague. Leur baſe eſt toujours proportionnée à leur groſſeur ; d'où l'on voit que, quelque volume qu'elles acquierent, elles n'ont pas pour cela plus de diſpoſition à en être détachées.

2°. Lorſqu'on entreprend de vouloir ſéparer une des véſicules de l'ovaire, quelqu'attention qu'on y apporte, la vésicule s'ouvre ; & la liqueur qu'elle contenoit s'épanche au-dehors : or, conçoit-on que l'extrémité frangée de la trompe puisse opérer ce qu'une main exercée ne peut produire ? N'est-il pas évident au contraire que la pression de cette partie n'a pour but, que d'obliger la vésicule la plus tendue à se rompre ; & que c'est uniquement dans cette vue, que la nature lui a donné une enveloppe si délicate ? Si enfin nous joignons à tous ces faits le rapport des Observateurs, qui assûrent avoir trouvé la vésicule ouverte, après une copulation fécondante, sans avoir pu découvrir l'œuf, ni dans la trompe, ni dans la matrice, il en résultera une démonstration complette de cette vérité, que la femme n'a ni œufs, ni ovaires ; d'où il faudra nécessairement conclure, que ce qu'on a pris pour des œufs, sont les réservoirs de la semence, laquelle passe dans la matrice par le moyen des trompes.

C'est ici le lieu de dire que la liqueur, que *Ruysche* a trouvée dans ces canaux, étoit celle qui provenoit de la rupture de ces vésicules, & non, comme il le prétendoit, la semence de l'homme. C'est ce dont l'auroient convaincu des recherches exactes, dans une circonstance aussi favorable que celle où il se trouvoit. Passons à l'examen de quelques objections.

PREMIERE OBJECTION.

Il est certain que l'on a vu des femmes ren-
dre, quelques jours après la conception,
un globe semblable à un œuf, dans lequel
on a trouvé les premiers rudimens de
l'embryon ; donc, &c.

Le fait énoncé dans cette Objection est
vrai, mais la conséquence n'en est pas
moins fausse. Ces prétendus œufs ne prouvent rien autre chose, si ce n'est que,
quelques jours après la conception, ses
produits sont contenus dans des membranes, & comme elles ont la forme d'un
œuf, & qu'elles renferment l'ébauche du
nouvel être, on s'est cru en droit de les
regarder comme de vrais œufs : ce qui est
une erreur. (*Voyez le cinquieme alinéa de*
l'Objection suivante).

DEUXIEME OBJECTION.

Les grossesses tubales, celles des ovaires &
de l'abdomen, sont trop bien constatées
pour être révoquées en doute : or il est
certain que, si la femme avoit de la se-
mence au lieu d'œufs, ces sortes de gros-
sesses seroient impossibles, donc, &c.

Les grossesses tubales, celles de l'ovaire
& de l'abdomen sont, il est vrai, trop
bien constatées pour être révoquées en

doute ; mais prétendre qu'elles supposent nécessairement l'existence des œufs , & que, sans eux , elles ne pourroient avoir lieu ; c'est une erreur qui vient de ce qu'on n'a pas assez réfléchi sur la cause de ces accidens , comme on va s'en convaincre.

Nous observerons d'abord que rien n'est plus rare que les grossesses par erreur de lieu , ce qui suppose nécessairement quelques circonstances qui se rencontrent difficilement. Si , comme on le prétend , elles dépendoient d'un œuf arrêté dans la trompe , ou adhérent à l'ovaire , ou enfin tombé dans le bas-ventre : nous croyons pouvoir assurer qu'elles seroient beaucoup plus communes.

Nous avons vu précédemment que , dans les premiers jours qui suivent une copulation fructueuse , le produit de la conception se présente sous la forme d'un globule , qui n'a encore contracté aucune adhérence aux parois de la matrice ; si ce globule , encore libre dans cette cavité , rencontre l'orifice d'une des trompes assez dilaté pour le recevoir , on conçoit qu'il y pénétrera à la premierre circonstance favorable ; s'il trouve quelqu'obstacle qui l'arrête dans son cours , il contractera des adhérences dans cet endroit , & de-là une grossesse tubale ; si rien ne s'oppose à sa marche jusqu'au voisinage de l'ovaire , en

augmentant de volume il parviendra à
s'attacher à cette partie, & l'on dira alors
que c'eft une groffeffe de l'ovaire, laquelle paroîtra d'autant plus fenfible, que
ce globule fe fera arrêté plus près de cette
partie; enfin s'il tombe dans le bas-ventre,
il en réfultera une groffeffe ventrale : on
voit que rien n'eft plus fimple.

Mais, nous dira-t-on peut-être, cette
explication porte fur deux fuppofitions
dont il eft permis de douter ; fçavoir, que
le produit de la conception eft un globule,
& que l'orifice d'une des trompes fe trouve
quelquefois affez dilaté pour le recevoir.

Il nous femble que ce qu'on nomme la
premiere fuppofition mérite d'être regardé
comme une vérité conftatée par plufieurs
obfervations, & que le feul bon fens fuf-
firoit pour la faire regrder comme telle.
En effet, dès-lors que la nature a établi
que le fœtus feroit environné d'eaux, &
qu'elles feroient contenues dans des membranes ; n'eft-il pas naturel de croire
qu'elles font produites, finon avant l'embryon & les eaux, au moins dans le même
inftant ?

Quant à la feconde fuppofition, nous
conviendrons qu'il exifte bien peu d'obfervations, qui conftatent que l'extrémité de
la trompe qui s'ouvre dans la matrice,
ait quelquefois un diametre plus grand que

celui qu'elle a naturellement : nous avoue-
rons même que nous ne connoissons que
Bayle, qui ait dit que la trompe se dila-
toit pendant la grossesse, au point de pouvoir y mettre le doigt ; mais il est probable que, ce que *Bayle* a regardé comme
l'effet de la grossesse, n'étoit autre chose
qu'un vice de conformation. Nous trouvons
bien d'autres exemples de dilatation de
cette partie dans *Kiolent*, *Delaunay*,
la Collection académique, &c. mais ils
ne sont pas énoncés de maniere à pouvoir
nous en servir comme de faits incontestables. Cela vient, sans doute, de ce que
ceux qui ont eu occasion d'ouvrir des
femmes mortes à la suite d'une grossesse
par erreur de lieu, ont négligé de s'assurer
de l'état de l'orifice des trompes. Au reste,
en attendant que notre assertion soit bien
constatée, nous demanderons aux personnes impartiales, si le vice de conformation, dont il s'agit ici, leur paroît
inadmissible ? Et nous osons croire que
l'impossibilité où nous sommes de prouver
ce fait, ne sera pas une raison suffisante
pour condamner notre explication, qui,
d'ailleurs s'accorde parfaitement avec tout
ce que nous avons dit précédemment.

TROISIEME OBJECTION.

*Si la nature avoit deftiné les ovaires à pro-
duire de la femence plutôt que des œufs,
elle leur auroit donné une ftruƈture
différente.*

Nous ne voyons point pourquoi il auroit été néceffaire que les ovaires euffent
été conftruits différemment qu'ils ne le
font, pour pouvoir filtrer de la femence.
Nous devons croire, au contraire, qu'ils
ont toutes les conditions néceffaires pour
cet effet : fi leur ftruƈture differe de celles
des tefticules, c'eft que le but de la nature
étoit que la liqueur féminale de la femme
différât de celle de l'homme. Voilà tout ce
que nous pouvons répondre aƈtuellement.
La fuite de ces recherches nous conduira
à de plus grands détails fur ce fujet.

QUATRIEME OBJECTION.

*On fçait qu'il eft des femmes qui conçoi-
vent fans volupté, ce qui n'arriveroit
point, fi elles avoient de la femence.*

Beaucoup de perfonnes doutent du fait
qui donne lieu à cette Objeƈtion. Nous
l'aurions fupprimé, fi nous n'avions de-
vers nous la preuve de fa certitude ; mais
qu'en réfulte-t-il ? Rien autre chofe, felon
nous, finon qu'il eft des femmes chez qui

les trompes de fallope manquent de fenfibilité. Si nous entreprenions d'en rechercher les caufes, nous les trouverions, ou
dans l'excès d'humeur qui fe filtre dans
l'intérieur de ces canaux, ou dans la trop
grande rigidité de leurs houppes nerveu-
fes, &c. &c.

CINQUIEME OBJECTION.

Si la femme avoit de la femence, elle éprou-
veroit, après la copulation, le même affoi-
bliffement que l'homme ; cependant nous
ne voyons point qu'elle foit fenfiblement
affoiblie, même après plufieurs actes.

Toutes les fois que l'on entreprendra
de décider que ce qui fe paffe chez
l'homme, la femme doit l'éprouver, on
tombera infailliblement dans l'erreur. Les
organes de l'un & l'autre fexe, quoique
deftinés aux mêmes ufages, doivent les
exécuter différemment, comme l'annonce
la différence de leur ftructure. Chez la
femme, la femence eft moins abondante que chez l'homme; ici, elle exige
une grande irritation pour être évacuée,
irritation qui oblige les efprits animaux à
fe porter en abondance aux parties génitales: là, au contraire, une légere irritation fuffit. L'homme fournit plus ou moins
de liqueur prolifique à chaque copulation,

tandis que la femme n'en fournit que très-
peu, & quelquefois point du tout. Ces
faits suffisent, sans doute, pour expliquer
pourquoi la femme est moins affoiblie après
plusieurs copulations que l'homme.

SIXIEME OBJECTION.

Si la femme avoit de la semence, elle n'au-
roit point de regles, parce que ces deux
évacuations seroient une source d'épui-
sement.

Nous pourrions nous borner à répondre
à cette Objection par le fait même qui
prouve le contraire ; mais comme cette
réponse, quelque raisonnable qu'elle fût,
seroit insuffisante pour bien des personnes,
nous allons entrer dans quelques détails.

D'abord, l'épuisement ne peut avoir
lieu, que quand il se fait des évacuations
plus abondantes que celles que la nature
exige : non-seulement l'évacuation des regles & celle de la semence ne peuvent
produire d'épuisement tant qu'elles sont
modérées, mais encore leur rétention est
comme on sçait la source de plusieurs maladies. Tout le monde connoît les accidens
produits par la suppression des regles, &
peu de personnes ignorent les ravages que
cause le célibat du sexe. L'ouverture des
cadavres des malheureuses victimes d'une

continence forcée , prouve que le siége
des maux qu'elles endurent , est dans les
ovaires, que l'on a toujours trouvés tumé-
fiés & garnis de vésicules très - distendues
par la surabondance de la liqueur séminale. Si la femme avoit des œufs , elle
seroit exempte des suites d'une trop lon-
gue continence ; il lui arriveroit la même
chose qu'aux oiseaux ; lorsque ces œufs seroient très-gonflés , ils tomberoient dans
la trompe à la moindre circonstance favorable , & de-là ils parviendroient dans la
matrice , d'où ils sortiroient ensuite , parce
que nulle irritation n'auroit obligé le museau de tanche à s'engorger.

On voit donc, par tous ces faits , que la
femme a une liqueur prolifique , quoiqu'elle
soit sujette à une évacuation sanguine. On
voit que , non-seulement ces deux sécrétions ne produisent point d'épuisement ,
mais encore que la suppression de l'une ou
de l'autre cause une foule d'accidens , qui
peuvent même conduire au tombeau celle
qui les éprouve. Cet épuisement est d'autant moins à craindre , que la nature a établi un moyen infaillible pour l'empêcher,
en n'accordant à la femme qu'une très-
petite quantité de liqueur séminale , ensorte que ces deux évacuations , tant
qu'elles sont modérées , ne peuvent jamais
nuire au sujet qui les subit.

ARTICLE SIXIEME.

Réfumé de cette premiere Section.

SI nous ne nous fommes point trompés dans les recherches que nous venons de faire, relativement à la génération de l'ef-pece humaine, ce qui fuit doit être con-fidéré comme autant de vérités incon-teftables.

1°. L'homme, pendant la copulation, fournit à la femme la liqueur qui doit fer-vir à la féconder.

2°. Cette fécondation ne peut avoir lieu, qu'autant que la liqueur féminale pénetre dans la matrice; fi quelqu'obftacle l'empêche d'y parvenir, la copulation fera infructueufe.

3°. La portion de la femence parvenue dans la matrice, y féjourne dans fa cavité fans jamais pénétrer dans les trompes.

4°. Pendant la copulation, les trompes entrent en érection, leur pavillon s'adapte aux ovaires, les comprime & oblige la vé-ficule la plus diftendue à fe rompre.

5°. L'humeur que contenoit cette véfi-cule, eft reçue par la trompe, qui la con-duit dans la matrice, où elle s'unit avec la liqueur féminale de l'homme.

6°. Ces deux femences font retenues

dans la matrice par le rétrécissement, ou l'oblitération de son orifice, produit par l'engorgement de cette partie.

Telle est la marche de la nature dans les préliminaires de la génération de l'homme. Voyons maintenant quels sont les moyens établis pour la reproduction des animaux & des végétaux.

DEUXIEME SECTION.

Recherches relatives à la génération des animaux & des végétaux.

ARTICLE PREMIER.

Division des animaux relativement à leur maniere de se reproduire.

L'OBSERVATION nous apprend qu'il est des animaux, dont la reproduction exige le concours des deux sexes ; que d'autres se multiplient sans ce moyen, chaque individu ayant seul la faculté de se reproduire ; & qu'enfin, dans une troisieme espece, chaque individu a la prérogative de se multiplier, tantôt seul & tantôt par le concours de son semblable.

Parmi les animaux qui se reproduisent

par le concours des deux sexes, & qui seront les seuls dont nous nous occuperons
ici , les uns s'accouplent toujours , & les
autres ne s'accouplent jamais.

Les animaux qui s'accouplent toujours
exécutent cette opération de mille ma-
nieres différentes , que nous nous dispen-
serons d'indiquer , parce que cette connoissance est inutile à notre objet. Il nous
suffira de sçavoir qu'il est des animaux ,
dont l'accouplement est suivi de l'introduction de la partie génitale du mâle dans
celle de la femelle ; que chez d'autres il
n'y a qu'un simple contact entre ces parties ; & qu'enfin , dans une troisieme espece il n'y a ni contact , ni introduction
pendant l'accouplement.

Les animaux qui ne s'accouplent jamais
nous présentent les variétés suivantes :
chez les uns , le mâle suit la femelle pendant qu'elle dépose ses œufs , & à mesure
qu'il les rencontre , il les arrose de sa semence : chez les autres la femelle fait sa
ponte dans le lieu le plus propre à favoriser l'incubation de ses œufs ; le mâle
conduit à cet endroit par le hasard , ou
par l'instinct , répand sur eux sa liqueur
séminale.

ARTICLE DEUXIEME.

Quel est le but de la nature dans les divers procédés que nous venons d'indiquer ?

CET Article paroîtra peut-être d'autant plus superflu, que personne n'ignore le but que la nature s'est proposé, en établissant la nécessité du concours des deux sexes pour la reproduction des animaux; aussi n'est-ce point une nouvelle vérité que nous prétendons établir; mais dans des recherches de la nature de celles-ci, nous croyons devoir rapporter les connoissances les moins contestées, lors que l'ordre, auquel nous nous sommes assujettis, l'exige, avec l'attention cependant d'éviter des détails inutiles.

Nous nous bornerons donc à rappeller ce que prouvent constamment des observations journalieres; sçavoir, que les femelles des animaux vivipares ne peuvent concevoir, qu'autant qu'elles ont reçu la liqueur séminale du mâle, & que, sans le secours de cette humeur, les ovipares ne produiroient que des œufs inféconds; d'où il résulte que les divers procédés, que nous avons détaillés dans l'article précédent, tendent tous au même but, sçavoir, la fécondation.

ARTICLE TROISIEME.

Comment la fécondation s'opere-t-elle chez les animaux qui s'accouplent?

Nous avons déjà remarqué qu'il est des animaux, qui s'accouplent avec l'introduction, & d'autres sans introduction : voyons d'abord comment s'opere la fécondation chez les premiers, nous nous occuperons ensuite des seconds.

1°. *Des animaux qui s'accouplent avec introduction.*

On observe que parmi eux, il est des mâles, dont la partie génitale a une longueur proportionnée à la profondeur du vagin des femelles : ce sont tous ceux qui rendent leur semence par éjaculation, & ceux chez qui cette liqueur a assez de fluidité pour pénétrer seule dans la matrice, lorsque l'éjaculation n'a pas lieu.

Il en est d'autres, dont la partie génitale a assez de longueur pour pénétrer jusques dans la matrice de la femelle avec laquelle ils s'accouplent : tels sont les limaçons, dont la substance séminale, semblable à de la gomme, ne pourroit jamais parvenir dans l'uterus, si le canal qui

la tranfmet dans cette partie l'eût fimple-
ment dépofée dans le vagin.

D'après ces faits, il eft clair que, dans
tous les animaux qui s'accouplent avec introduction, le mâle dépofe fa femence
dans la matrice de la femelle.

Sans doute on nous objectera encore les
recherches D'HARVÉE & celles d'une foule
d'Obfervateurs, qui n'ont jamais rencontré de femence dans la matrice ; on nous
citera les exemples de jumens bouclées
qui ont été fécondées, &c. &c. Mais nous
croyons avoir répondu à toutes ces difficultés, lors de l'examen des objections
faites à l'Article premier de la premiere
Section. Les faits qui prouvent que la
femence du mâle doit néceffairement pénétrer dans la matrice, font les mêmes
pour les animaux, dont il eft queftion ici,
que pour l'efpèce humaine. La fécondation des jumens bouclées s'explique plus
aifément que celle de la femme qui n'a pu
fubir d'introduction ; car on voit que la di-
rection du vagin de la jument eft, on ne
peut plus fingulierement, propre à favorifer
l'entrée de la liqueur féminale dans la matrice, raifon de plus pour affirmer qu'elle
y pénétre.

2°. *Des animaux qui s'accouplent sans introduction.*

Nous n'ignorons pas qu'il est des Naturalistes qui prétendent que les oiseaux s'accouplent avec introduction. Peut-être cette assertion est-elle vraie pour quelques-uns ; mais en général on peut assurer que, si l'introduction a réellement lieu, elle est si peu de chose, qu'elle équivaut à un simple contact ; au reste cette différence, si elle existe, n'influe point sur les faits suivans.

La liqueur que le mâle fournit, n'est déposée qu'à l'extrémité du canal, qui doit la transmettre à l'ovaire, qui, comme l'on sçait, est le lieu destiné à la formation du nouvel être.

Nous ne chercherons point à décider si la liqueur prolifique du mâle est chassée vers l'ovaire par l'action de quelques muscles, ou si elle coule simplement vers cette partie, en conséquence de sa fluidité naturelle ou acquise, parce que cette connoissance nous est inutile, & qu'il suffit que nous sçachions qu'il est sûr qu'elle y parvienne ; & c'est ce qui nous paroît incontestable.

ARTICLE QUATRIEME.

*Comment la fécondation s'exécute-t-elle ;
lorsqu'il n'y a point d'accouplement ?*

SOIT que le mâle répande sa semence
sur les œufs, à mesure qu'ils sortent du
corps de la femelle, ou après qu'elle les a
déposés en quelque lieu, l'effet étant le
même, ce que nous dirons ici, conviendra aux animaux qui s'accouplent sans introduction & sans contact.

La nécessité de la liqueur séminale du
mâle, pour opérer la fécondation des œufs
des poissons & des amphibies, étant une
foi démontrée (*Voyez l'Art. II. de cette
Section.*), il est évident que cet effet ne
peut avoir lieu, qu'autant que la partie la
plus ténue de cette liqueur pénetre dans
l'intérieur des œufs, lesquels contiennent,
non-seulement la liqueur destinée à l'accroissement de l'individu qui en doit naître, mais encore celle qui doit concourir
à sa formation.

On nous dira peut-être que l'animal
existoit dans l'œuf, avant que le mâle l'eût
arrosé de sa femence : mais nous demanderons à ceux qui pensent ainsi, la preuve
de leur assertion. Trouve-t-on dans ces
œufs, avant leur fécondation, l'ébauche

du nouvel être? Non, sans doute : rien n'atteste son existence. Pourquoi donc préférer une opinion, fondée uniquement sur des conjectures, à un fait constaté par l'observation & l'expérience?

ARTICLE CINQUIEME.

Les femelles des animaux concourent-elles à la formation du nouvel individu?

IL nous semble que rien n'est plus facile à résoudre que cette question ; car nous avons ici la facilité de multiplier les preuves qui déposent en faveur de l'affirmative : nous voulons parler des mulets. Les quadrupedes & les oiseaux nous en offrent un grand nombre, qui tous nous attestent que les deux sexes, qui les ont produits, ont également concouru à leur formation, puisque tous ces nouveaux individus participent des caractères de ceux qui leur ont donné l'existence.

Nous sommes, il est vrai, dépourvus de semblables preuves, à l'égard des poissons & des amphibies. Mais nous allons en trouver d'aussi convaincantes en leur faveur, dans l'article suivant; & alors il sera prouvé de la maniere la plus évidente, que toutes les femelles des animaux concourent avec le mâle à la formation du nouvel être.

ARTICLE SIXIEME.

*Comment les femelles des animaux contri-
buent-elles à la génération ?*

Lorsqu'on examine les organes de la
génération des femelles des quadrupedes,
on voit qu'elles ont des ovaires, qui font
parſemés de véſicules, qui contiennent
une liqueur ſemblable à du blanc-d'œufs ;
& quelqu'attention qu'on apporte à cet
examen, il eſt impoſſible d'y obſerver autre choſe, qu'une grande reſſemblance avec
les ovaires des femmes.

Si de cette partie on paſſe aux trompes,
on reconnoîtra aiſément qu'elles ont la
même deſtination que celles de la femme ;
ainſi tout concourt à nous prouver que les
femelles des quadrupedes contribuent à la
génération, par le moyen d'une liqueur
ſéminale, qui, des ovaires, paſſe dans la
matrice, ou dans ſes cornes, ſelon l'eſpece
de l'animal.

Quant aux oiſeaux, nous avons vu que
la liqueur ſéminale du mâle ſe rendoit à
l'ovaire : cette partie contient, comme l'on
ſçait, un grand nombre de véſicules, dans
leſquelles eſt renfermée l'humeur ſéminale de la femelle : c'eſt donc dans cette
partie que s'opere la formation du nouvel

être, qui paffe enfuite dans l'œuf avec le jaune auquel il adhere.

A l'égard des poiffons & des amphibies, il n'y a point de doute, comme nous l'avons déjà dit, que leurs œufs ne contiennent la liqueur qui doit contribuer à la formation du nouvel être ; il faut donc confidérer l'œuf, comme renfermant la liqueur féminale de la femelle, & la preuve que cela eft ainfi, c'eft qu'avant la fécondation, ces œufs ne contiennent aucun être, ni aucunes parties d'êtres organifés.

De tout ce que nous venons de dire dans cet article, il réfulte qu'il eft des animaux, chez lefquels la liqueur féminale du mâle & celle de la femelle fe rendent dans un lieu affigné par la Nature, qui eft celui où doit fe former le nouvel individu ; que chez d'autres, la femence de la femelle attend celle du mâle dans une véficule ; & qu'enfin dans une troifieme efpece, la liqueur feminale de la femelle eft tranfmife au-dehors, renfermée dans un œuf. C'eft ainfi que la nature diverfifie fes procédés.

ARTICLE SEPTIEME.

De la Génération des Végétaux.

Les végétaux, de même que les animaux, font pourvus d'organes deftinés à leur reproduction, & dont la différence conſtitue les ſexes. Les étamines caractériſent les mâles, & les piſtiles appartiennent aux femelles. On ſçait que c'eſt dans la fleur que réſident ces parties.

Il eſt des végétaux qui réuniſſent dans un même calice les organes des deux ſexes ; & d'autres où ils ſont ſéparés, enſorte qu'une fleur ne contient que les organes d'un ſexe.

Parmi ces derniers, on obſerve qu'il en eſt qui portent indiſtinctement ſur la même branche, des fleurs mâles & des fleurs femelles ; & que dans d'autres, les premieres ſe trouvent ſur un pied, & les ſecondes ſur un autre.

Soit que les fleurs de différent ſexe ſe trouvent réunies ſur le même pied, ſoit qu'elles ſoient ſur des pieds différens, leur fécondation s'exécute de la même maniere. C'eſt toujours l'air, ou des inſectes, qui apportent la pouſſiere ſéminale des étamines ſur les piſtiles des fleurs femelles : mais quant à celles qui réuniſſent les parties des deux ſexes dans le même calice, la fécondation s'opere plus ſimplement : les étaminès, parvenues à leur maturité, s'entrouvrent, & laiſſent échapper la pouſſiere ſéminale qu'elles contenoient, ſur le piſtile deſtiné à la recevoir.

Dans tous ces cas, la pouſſiere fécondante

dante des étamines est introduite dans un canal, qui regne le long du pistile, par le moyen duquel elle parvient aux sucs de l'embryon.

La nécessité de la poussiere des étamines, pour opérer la fécondation, est facile à prouver. Si l'on détruit les étamines des fleurs hermaphrodites, avant qu'elles se soient ouvertes, ou, si l'on met les pistiles à couvert de l'action de la poussiere séminale, il est certain que l'on n'obtiendra aucunes semences. Ces seules expériences, qui ne manquent jamais, suffisent pour nous convaincre de la nécessité de la poussiere des étamines pour la fécondation.

Mais comment cette poussiere séminale agit-elle ? Est-ce en opérant le développement du germe préexistant ? Est-ce en se mêlant avec les sucs de l'embryon ? ou bien enfin contient-elle les germes ?

Il fut un tems où cette question étoit difficile à résoudre, parce qu'on manquoit de faits capables de servir à asseoir un jugement sûr ; aussi n'avions-nous sur ce sujet que des conjectures plus ou moins probables : mais aujourd'hui, que l'on est parvenu à obtenir des mulets végétaux, il n'est plus possible de douter du concours des deux sexes ; enforte que l'on doit regarder les sucs de l'embryon, comme destinés à concourir, avec la poussiere sémi-

D

nale des étamines, à la formation du nouvel être.

Sans doute les Partisans du développement ne manqueront pas de nous objecter
que les semences sont formées dans certains végétaux, bien long-tems avant que
la poussiere séminale ait acquis sa maturité, puisqu'on les observe dans le bouton
qui s'est formé pendant l'Eté, & qui ne se
développera qu'au Printems suivant.

Il faut convenir que cette objection est,
on ne peut plus spécieuse : mais aussi c'est son
seul mérite. On a pris les apparences pour
la vérité ; & de-là l'erreur où sont tombés
les Partisans du développement. Avant de
conclure ainsi, il auroit fallu observer at-
tentivement ces prétendues semences ; &
alors on se seroit convaincu, que ce n'étoit
que la forme de la semence, qui ne contenoit aucuns germes, mais seulement la liqueur qui devoit concourir à sa formation. Et en effet, il falloit bien que la Nature formât un réservoir à cette liqueur ; &
puisqu'elle étoit destinée à la formation du
nouveau germe, & que, dans l'ordre établi par elle, il doit être au centre du fruit,
il falloit bien que le réservoir, qui devoit
la contenir, en fût séparé par des envelop-
pes : il est vrai qu'elles ont la forme de la
semence : mais cette forme ne constitue
pas la semence elle-même ; il étoit néces-

faire que cette enveloppe eût une figure quelconque, rien de plus naturel, que de lui donner d'avance celle qu'elle devoit avoir un jour, lorsqu'elle auroit acquis sa maturité.

Ainsi la forme de la semence, celle même du fruit, ne prouve nullement que le germe préexiste à la fécondation : ce sont des produits de la végétation, & rien de plus.

ARTICLE HUITIEME.

Résultat de cette Section & de la précédente.

DE tout ce que nous avons dit jusqu'à présent, il résulte que les préliminaires de la génération des animaux & des végétaux s'exécutent par des moyens très-variés, mais qui tendent tous au même but ; sçavoir, à la réunion de la substance séminale des deux sexes, dans le lieu où doit se former le nouvel être. L'homme, les animaux & les végétaux sont donc produits par le concours de la semence du mâle & de la femelle. Vérité ancienne, d'autant plus digne qu'on la fasse revivre, que les faits nous forcent de la regarder comme incontestable.

Tâchons actuellement de découvrir, s'il est possible, comment, en conséquence de la réunion des deux semences, il en résulte un être organisé. C'est ce qui va faire l'objet de la Section suivante.

TROISIEME SECTION.

Recherches relatives à la formation des animaux & des végétaux.

Nous voici parvenus à la partie la plus difficile de notre travail. Les secours dont nous nous sommes servis dans les recherches précédentes nous abandonnent ; il ne s'agit plus d'observer l'action de quelques organes. Nul n'influe sur la formation du nouvel être ; le lieu où s'opere cette merveille, est inaccessible à nos regards. Nous avons, il est vrai, le pouvoir de détruire les obstacles qui nous dérobent la connoissance des procédés de la Nature : mais des expériences, mille fois réitérées, nous ont convaincu de l'inutilité de ce moyen ; nous sommes donc forcés de recourir à une autre voie, qui puisse nous approcher du secret de la Nature. C'est dans cette vue que nous allons généraliser nos recherches ; peut-être rencontrerons-nous quelques faits qui nous conduiront, ou à une analogie exacte, ou à la connoissance d'une loi générale. Nous sentons combien ce procédé est délicat, combien il est facile de tomber dans l'erreur ; aussi procéderons-nous avec la plus grande circonspection, en n'admettant pour guide que des faits bien constatés, & en ne nous déclarant qu'en faveur des conséquences incontestables.

Puisque les préliminaires de la génération des animaux & des végétaux, ont tous pour but la réunion des substances séminales des deux sexes, dans le lieu où doit se former le nouvel individu ; & puisqu'il est prouvé, que c'est de cette réunion qu'il doit naître, il nous semble qu'il est naturel d'examiner ce qui arrive, toutes les fois que deux fluides se trouvent réunis dans un même lieu.

ARTICLE PREMIER.

Que résulte-t-il de la réunion de plusieurs fluides dans un même lieu ?

TOUTES les fois que deux fluides sont réunis dans un même lieu, il en résulte toujours un des trois effets suivans : ou ils restent distincts, ou ils se mêlent, ou ils se combinent (1).

---

(1) Nous n'ignorons pas qu'il est des réunions où l'on observe deux de ces effets ; d'autres où ils se manifestent tous trois, comme nous le dirons dans la suite ; mais nous avons cru devoir les considérer d'abord séparément.

1°. *Ils reſtent diſtincts* : cet effet a lieu ; lorſque les fluides réunis ſont de nature à ne pouvoir ſe laiſſer pénétrer l'un par l'autre, n'importe par quelle cauſe que ce ſoit. Ces fluides reſteroient enſemble des ſiecles entiers, qu'il n'en réſulteroit rien autre choſe que l'altération de chacun d'eux : telle eſt l'union de l'huile avec le vin.

2°. *Ils ſe mêlent* : c'eſt-à-dire, que les molécules de chaque fluide s'interpoſent les unes entre les autres, comme on le voit arriver, lorſqu'on met du vin dans de l'eau. Alors les molécules de chaque fluide conſervent leurs qualités ſans nulle altération ; enſorte que leur préſence ſe manifeſte toujours par l'odeur, le goût, &c. avec cette différence cependant, qu'elles ſont un peu affoiblies : mais l'on ſent que ce changement eſt uniquement produit par l'éloignement des molécules qui rend leur impreſſion plus foible.

3°. *Enfin ils ſe combinent* : c'eſt-à-dire, que chaque molécule d'une des ſubſtances unies eſt pénétrée, & pénétre réciproquement les molécules de l'autre fluide (1),

---

(1) On nous objectera peut être que toutes les combinaiſons ne s'exécutent point, comme nous venons de le dire ; qu'il en eſt qui n'ont lieu qu'après une décompoſition préalable de l'une des ſubſtances qui doivent ſe combiner, ou même de toutes les deux, & que ce n'eſt qu'après cette décompoſition, que s'opere leur combinaiſon, ce qui eſt vrai ; mais comme il n'eſt queſtion ici que de

d'où résultent de nouvelles molécules, qui n'ont aucune ressemblance avec celles qui ont concouru à leur formation ; ensorte qu'il est impossible de les reconnoître. C'est ainsi, qu'après avoir combiné un acide avec un alkali, on obtient un nouveau composé, connu sous le nom de *sel neutre* ; lequel non seulement n'est ni acide, ni alkalin, mais encore a une figure déterminée (1).

Il résulte de ces faits, qu'il n'y a que la seule combinaison qui puisse changer les molécules, & par-là produire de nouvelles substances ; d'où il suit, que toutes les fois que nous observerons de semblables changemens, nous pourrons, sans craindre de nous tromper, les considérer comme produits par la combinaison.

ARTICLE DEUXIEME.

Examen des Substances séminales, avant & après leur réunion.

Avec quelqu'attention qu'on examine les liqueurs séminales des animaux, soit

---

l'effet résultant de la combinaison, & que de quelque manière qu'elle s'exécute, cet effet est le même, nous nous en tiendrons à la définition que nous venons de donner, comme étant plus simple.

(1) On conçoit que nous ne parlons ici que des combinaisons simples, c'est-à-dire, de celles qui ont lieu entre les molécules de deux substances, & qui est telle qu'il n'en résulte qu'un seul composé nouveau. Nous parlerons par la suite des combinaisons d'un autre genre.

dans leurs réfervoirs, foit après leur évacuation; il eft impoffible d'y rien obferver
qui ait rapport au nouvel individu qu'elles
font deftinées à produire : celle des mâles
fe préfente fous l'apparence d'un mucilage
plus ou moins épais, plus ou moins uniforme, &c. Si l'on y voit quelquefois des
êtres vivans, ce font des productions étrangeres à l'efpece d'animal que ces femences auroient concouru à produire; & pour
s'en convaincre, il fuffit de réfléchir, que
ces animalcules naiffent dans la femence,
qu'ils font parfaits dans leur efpece; &
qu'enfin, quelque long que foit leur féjour dans ce fluide, ils ne parviennent jamais qu'à une certaine groffeur, qui ne
permet point de les voir à l'œil nud. Si ces
animalcules étoient deftinés à devenir des
animaux, ils groffiroient dans le lieu de
leur naiffance, puifqu'ils y trouvent une
liqueur propre à les nourrir. Parvenus
dans la matrice, on les verroit croître fous
la forme d'animaux tout formés, ils conti-
nueroient de fe mouvoir : mais l'on fcait
que le nouvel être refte immobile, jufqu'à
ce qu'il ait acquis fa perfection; on fçait
que fes parties fe forment succeffivement;
on fçait..... mais ne nous appéfantiffons
point davantage fur ce fujet, qui nous oc-
cupera une autre fois. Il nous femble que
le peu que nous venons de dire, doit fuffire

à

à toute personne impartiale, pour l'empêcher de regarder les animalcules fpermatiques, comme devant être l'origine des
animaux (1)

Quant à la liqueur féminale des femelles, on fçait qu'elle eft de la nature du
blanc-d'œuf; la feule chofe qu'on puiffe y
obferver, c'eft un peu plus ou un peu
moins de confiftance, felon l'efpece d'animal qui la fournit, mais on n'y voit rien
qui ait rapport au nouvel être qu'elle doit
concourir à former.

La pouffiere fécondante des végétaux,
ainfi que la liqueur de l'embryon, ne pré-
fentent rien non plus, qui ait rapport au
germe qu'elles font deftinées à produire;
en un mot, chaque fubftance féminale a
une compofition particuliere : voilà tout
ce que les yeux, armés du meilleur mi-
crofcope, peuvent y obferver, lorfque la
prévention n'y a aucune part.

Mais fi on confidere ces fubftances,
quelque temps après la fécondation, on
voit que celles des animaux fe font confondues au point qu'il eft impoffible de les
diftinguer, & qu'elles ont acquis un peu plus
de confiftance : on y remarque des véfi-

____

(1) Ce que nous difons des animaux fpermatiques des
mâles, convient également à ceux que l'on voit dans la
liqueur féminale des femelles.

E

cules, des filets, des vaisseaux qui contiennent différentes liqueurs, parmi lesquelles on distingue le sang; ensuite il se manifeste une foule de différentes parties, qui peu-à-peu acquierent leur perfection.

La réunion de la poussiere fécondante des végétaux, avec les sucs de l'embryon, nous offre aussi une suite de changemens; on voit cette liqueur, de limpide qu'elle étoit d'abord, devenir opaque, blanche, laiteuse, mucilagineuse; on y apperçoit l'ébauche du germe: on peut suivre ces progrès jusqu'à ce qu'enfin ce nouvel être, & la substance qui l'entoure, aient acquis la solidité nécessaire à sa conservation.

Tels sont en abrégé les changemens qu'éprouvent les substances séminales après leur réunion. Qu'est-ce qui les a produits? est-ce la simple réunion? est-ce le mélange? Non sans doute; car nous avons vu que dans ces deux cas les fluides ne changeoient nullement de nature; il faut donc nécessairement les attribuer à la combinaison, puisqu'ici, comme dans toute combinaison, il se manifeste de nouveaux composés qui ont des caracteres propres & indépendans des substances qui ont concouru à leur formation; & dès-lors nous serons forcés de convenir que la génération des êtres organisés n'est autre chose que le résultat de la combinaison :

cettte conséquence nous paroît incontestable (1).

Mais, dira-t-on, comment concevoir
que la seule combinaison puisse produire
des êtres aussi composés, que le sont les
animaux & les végétaux ? Comment admettre que tant de parties différentes puissent être formées par une seule & unique
cause ? Quelle intelligence ne faut-il pas
lui supposer, & alors quelle absurdité ?

A cela nous pourrions répondre : peu
importe pour le moment que nous puissions
expliquer comment la combinaison peut
former des êtres organisés. Il s'agit de sçavoir si c'est par elle qu'ils sont produits.
Or, si les faits que nous avons rapportés
sont vrais, si la conséquence à laquelle ils
nous ont conduits est naturelle, la justice
exige qu'on la regarde comme une de ces
vérités que l'on doit admettre, en attendant qu'on puisse découvrir comment une
cause, aussi simple que l'est la combinaison, peut seule former des animaux &
des végétaux : c'est ce dont nous allons
nous occuper.

---

(1) Nous n'entendons pas dire que les nouveaux êtres
soient produits par une combinaison semblable à celle
dont nous avons parlé dans l'Article précédent ; ce qui seroit évidemment faux. Nous ne faisons seulement ici que
comparer les faits, afin d'établir entre-eux l'analogie qui
nous paroît admissible. On verra par la suite à quelle
espece de combinaison les nouveaux individus doivent
leur existence.

ARTICLE TROISIEME.

Faits relatifs à la combinaison.

TOUTE combinaison suppose néceſſairement de la mobilité entre les molécules des ſubſtances qui ſe combinent ; il faut donc qu'elles ſoient ou molles ou fluides ; & comme ces deux qualités ne different que du plus au moins, ce que nous dirons de ces dernieres conviendra également aux premieres.

Il eſt des fluides qui ne ſont compoſés que d'une ſeule eſpece de molécules, on les nomme homogenes : tels ſont les acides minéraux, les alkalis, le mercure, &c. (1). Leur caractere diſtinctif eſt d'être inaltérables, tant qu'ils ſont abandonnés à eux-mêmes, & qu'ils poſſedent le degré de pureté que nous leur ſuppoſons ici. Ce n'eſt que lorſqu'on les combine vvec d'autres fluides homogenes, ou avec des hétérogenes, dont nous parlerons tout-à-l'heure, qu'ils changent de nature & de propriétés.

---

(1) Nous n'ignorons point que, rigoureuſement parlant, il n'eſt aucune ſubſtance vraiment homogène, que toutes contiennent plus ou moins de molécules étrangeres ; mais nous ſuppoſons ici que ces molécules ſont en très-petit nombre.

Il en eft d'autres qui font compofés de molécules de différente nature, plus ou moins variées, on les nomme hétérogenes; ceux-ci font dans une viciffitude continuelle, parce que leurs molécules tendent toujours à agir les unes fur les autres, d'où réfultent des décompofitions & des combinaifons perpétuelles, qui changent la nature, le caractere, les propriétés de ces fluides.

La combinaifon de ces fubftances nous préfente des faits généraux & particuliers, que nous allons expofer.

Faits généraux.

1°. Un fluide homogene ou hétérogene peut fe combiner avec plufieurs autres féparément ou fucceffivement; & dans tous ces cas les produits qui en réfulteront, feront auffi diverfifiés que les combinaifons auront été variées.

2°. Si au lieu de combiner des fluides deux à deux, on les combine trois à trois, quatre à quatre, &c. on obtiendra autant de produits différens.

3°. Si on combine entr'eux les produits de quelques-unes des combinaifons précédentes, il en réfultera de nouveaux, qui n'auront aucune reffemblance avec les précédents, & dont la variété dépendra de la nature & du nombre des produits combinés.

4°. Si les molécules qui résultent de ces différentes combinaisons, n'ont entre elles aucun rapport d'union, elles composeront un fluide, & dans le cas contraire elles formeront des solides.

Faits particuliers.

1°. La combinaison de deux fluides homogenes ne peut produire que des fluides ou des solides homogenes, parce que chacune des deux substances combinées, n'étant composée que d'une seule espece de molécules, chacune d'elles en se combinant ne peut former qu'une nouvelle molécule qui réunira les deux.

2°. Lorsqu'on combine un fluide homogene avec un hétérogene, les molécules du premier s'unissent avec celles du second, auxquelles elles ont le plus de rapport ; & comme elles peuvent en avoir avec plusieurs, il en résultera alors autant de combinaisons différentes.

3°. Les molécules qui n'auront subi aucunes combinaisons, resteront mêlées dans le fluide, ou se combineront avec celles qui résulteront de quelques-unes des combinaisons précédentes ; celles-ci peuvent se combiner avec d'autres, & ainsi de suite.

4°. Les folides provenans de ces combinaifons feront plus compofés que ceux du n°. premier, parce que, fe formant au milieu d'un fluide hétérogene, quelques molécules étrangeres entreront néceffairement dans leur ftructure.

5°. La combinaifon des fluides hétérogenes nous préfente les mêmes faits que ceux indiqués aux n°s. 2, 3 & 4, avec cette différence, que les combinaifons font ici plus nombreufes, & qu'il eft des molécules qui reftent diftinctes.

6°. La combinaifon des fluides hétérogenes, foit qu'elle s'opere dans chacun d'eux, foit qu'elle réfulte de leur réunion, eft affujettie à des circonftances qui varient perpétuellement leur produit, telles font la chaleur, le froid, la féchereffe, l'humidité, le mouvement, le repos, &c. &c. dont l'action, plus ou moins grande, fuffit pour déterminer cet effet.

Nous fentons que ces faits auroient befoin d'être plus développés ; mais les bornes que nous nous fommes prefcrites, ne nous permettent point d'entrer ici dans tous les détails qu'ils exigeroient ; nous nous bornerons à ce fimple expofé qui fuffit à notre but.

ARTICLE QUATRIEME.

Analyse des corps organisés.

On nomme corps organisés, un composé de différentes parties solides destinées à divers usages, & dans l'intérieur desquelles circulent des fluides qui ont des caractères plus ou moins variés : examinons chacune de ces substances, & voyons de quoi elles sont formées.

Si l'on fait macérer les solides d'un animal ou d'un végétal, on les voit augmenter de volume, puis se dissoudre & former avec l'eau une espece de bouillie, ou se déposer au fond du vase sous la forme d'un sédiment. Si l'on examine ces produits, on trouvera qu'ils ne sont autre chose qu'un amas de molécules d'autant plus ténues, que la dissolution aura été plus complette. Les solides des corps organisés sont donc composés de molécules unies les unes aux autres, comme les solides inorganiques ; c'est ce dont il n'est pas possible de douter, non-seulement d'après l'expérience que nous venons de rapporter, mais encore d'après l'observation, qui nous apprend que tout solide organique a été fluide dans son origine : ainsi on doit regarder ce fait comme incontestable.

Mais , puifque les folides organiques font formés de molécules unies les unes aux autres , leur différence vient donc de celle des molécules qui les compofent. La diverfité de leur forme & celle de leur ftructure eft donc produite par la figure & l'arrangement de ces molécules , comme nous l'obfervons dans les corps inorgani- ques : ainfi , pour que la combinaifon puiffe produire des folides organiques , il fuffit donc qu'elle forme des molécules d'une certaine figure , qui aient entr'elles un rapport d'union comme pour un folide inorganique. Or , c'eft ce qui arrivera né- ceffairement , lorfque la combinaifon s'e- xécutera entre les molécules des fubftances féminales , & lorfqu'elle aura lieu entre les molécules des liqueurs de l'animal ou en- tre celles du végétal , comme nous le ver- rons par la fuite ; & fi ces combinaifons produifent des molécules propres à former des folides organifés , plutôt que des foli- des inorganiques , cela vient de la nature des molécules qui fe font combinées , lef- quelles ont fubi des combinaifons prépa- ratoires , qui les ont mifes en état de pro- duire cet effet ; comme la combinaifon de l'acide vitriolique avec le phlogiftique étoit néceffaire pour la formation du ci- nabre , &c. Nous pouvons donc , fans craindre de nous tromper , confidérer les folides organifés comme produits par des combinaifons fucceffives.

Quant aux fluides, on fçait que la dif-férence qui exifte entr'eux, vient de celle des molécules qui les compofent. Or, fi ces molécules fubiffent des changemens, le fluide fera autre qu'il n'étoit; & comme nous avons vu que la combinaifon fuffit pour cet effet, il fuit qu'elle feule produira les divers fluides qui circulent dans les corps organifés.

ARTICLE CINQUIEME.

Quelle idée doit-on avoir de la génération?

Avec quelqu'attention qu'on obferve les liqueurs féminales, quelques jours après leur réunion, il eft impoffible d'y rien découvrir, qui ait rapport au nouvel être; cependant fi l'on verfe fur ces fluides une goutte d'efprit-de-vin, on y découvre des véficules plus ou moins nombreufes, felon que cette expérience eft faite plus ou moins long-temps après la fécondation. Voilà donc des parties tracées dans le mucilage, lefquelles feroient demeurées invi-fibles fans le fecours de l'efprit-de-vin.

Peu-à-peu ces véficules deviennent fen-fibles à la vue; & enfin arrive l'inftant où le nouvel être a acquis la forme de l'animal ; mais il n'a encore qu'une existence bien fragile, ce n'est qu'une gelée qui peut être anéantie par la moindre pression ; ses parties n'ont aucune ressemblance avec celles du fœtus, la tête n'est qu'une vésicule qui contient une liqueur mucilagineuse ; les yeux, des points imperceptibles ; le nez est désigné par un filet très-délié ; des globules, garnis de molécules très-petites, marquent les extrémités ; le cœur & les autres organes ne sont que des vésicules, & il en est ainsi de toutes les autres parties : nulle n'a la forme qu'elle aura par la suite.

Tel est l'état de l'embryon, considéré dans les premiers jours de son existence ; mais peu-à-peu il acquiert du volume, de la solidité : chaque partie reçoit la figure qu'elle doit avoir ; celles qui lui manquoient se forment ; en un mot, chaque jour ajoûte à la perfection de l'individu.

Ceci posé, tâchons de déterminer le pouvoir de la génération, c'est-à-dire, de distinguer ses propres effets de ceux qui en sont indépendans.

Lorsqu'un corps augmente de volume, ce ne peut être que par l'addition de nouvelles molécules ; mais cette addition constitue l'accroissement : or, on sçait que l'accroissement a lieu après la naissance des

animaux, comme auparavant; elle est donc
l'effet de la seule nutrition, & par conséquent indépendante de la génération : &
puisque chaque partie n'acquiert la figure
qu'elle doit avoir, que par l'accroissement,
il s'ensuit qu'elle seule produit la régularité des formes de chaque organe.

Quant à leur consistance, on ne peut
raisonnablement l'attribuer à la génération, puisque nous voyons les parties des
jeunes sujets l'acquérir après la naissance :
elle est donc l'effet de la nutrition.

On sçait que l'ossification des épiphyses,
la formation des sutures, ne s'operent qu'à
mesure que les jeunes sujets avancent en
âge. On voit les os, ramolis par la mala-
die, reprendre leur fermeté. L'ossification
est donc encore indépendante de la génération. La seule nutrition suffit donc pour
la produire.

Nous voyons les muscles changés en
tissu cellulaire par le marasme, recouvrer
leur forme & leur volume, à mesure que
la convalescence se fortifie : on sçait que la
graisse se régénère presqu'à volonté : on voit
de nouvelles dents succéder aux anciennes,
les ongles remplacer ceux qui ont été dé-
truits par quelqu'accident, les poils, les
plumes succéder à d'autres, &c. : toutes ces
parties sont donc aussi indépendantes de la
génération; la nutrition suffit pour les produire.

Ainsi c'est une erreur de croire que la génération forme des parties figurées en petit comme elles le font en grand, & qu'elle produise des muscles, des os, des cartilages, des poils, &c. &c. Tout son pouvoir se réduit donc à former de simples vésicules remplies d'humeur, dont les unes sont destinées à former la tête ; d'autres, le cœur, &c. &c.

Telle est, à ce qu'il nous semble, l'idée qu'on doit avoir de la génération des animaux ; idée que l'on trouvera peut-être trop simple, mais qui s'accorde parfaitement avec l'observation.

A l'égard des végétaux, les germes paroissent n'être formés que de molécules unies les unes aux autres, lesquelles nous présentent la forme imparfaite de la plante qui doit en résulter, mais dont la perfection sera produite par l'accroissement, effet de la nutrition, qui, comme il est facile de s'en convaincre, est le même ici que dans les animaux (1).

Avant d'expliquer comment chaque vésicule devient un solide organisé, examinons si toutes les parties, qui doivent cons-

______

(1) Nous terminons ici ce que nous avions à dire relativement aux végétaux. La suite de ce qui les concerne exige des détails que nous sommes forcés de renvoyer à un autre ouvrage, afin de ne point excéder les bornes que nous nous sommes prescrites dans celui-ci.

tituer le nouvel être, se forment dans le même instant, ou successivement.

ARTICLE SIXIEME.

Toutes les parties des animaux sont-elles formées dans le même instant, ou successivement ?

CETTE question est facile à décider, d'après ce que nous avons dit précédemment. Car, dès-lors que les vésicules ne se manifestent que les unes après les autres, il y a tout lieu de croire, qu'elles n'ont été formées que successivement. Le moyen employé pour les rendre visibles, en ayant rendu sensibles quelques-unes, auroit infailliblement produit le même effet sur un plus grand nombre, si elles eussent existé. Quoique ce fait nous paroisse concluant, nous allons y en joindre d'autres qui donneront plus de force à cette décision.

Si l'on sépare les nerfs de toutes les parties auxquelles ils se distribuent, en les laissant seulement adhérer au cerveau & à la moëlle épiniere, on obtiendra un tronc, une tige, des branches, des rameaux, & enfin des ramifications. Voilà donc une espece de végétation, formée par la continuité d'une même substance; car on sçait que celle des nerfs est semblable à celle du cerveau. Cette production est visiblement indépendante des autres parties, puisqu'on peut l'en dégager. Si nous examinons en-suite cette végétation animale, nous n'y trouverons nulle trace de vaisseaux san-guins; si enfin nous suivons la marche de ces rameaux, nous les verrons, non-seu-lement pénétrer dans ces vaisseaux, mais encore dans toutes les autres parties de l'a-nimal. Les nerfs existoient donc avant les vaisseaux sanguins & avant les autres par-ties. Cette conséquence s'accorde à mer-veille avec la raison : car, dès que le cœur de l'embryon se contracte peu après sa for-mation, il est naturel de supposer que les nerfs existoient avant lui.

Si l'on procéde à l'égard des vaisseaux sanguins, comme pour les nerfs, on ob-tiendra une autre espece de végétation qui aura le cœur pour base, laquelle sera in-dépendante des autres parties, mais moins simple que la précédente, parce que ces vaisseaux contiendront des nerfs, au lieu que ceux-ci sont dépourvus de vaisseaux sanguins. Si nous suivons la marche de ces canaux, nous nous convaincrons qu'ils en-trent dans la structure de tous les solides de l'animal, excepté dans celle des nerfs : ils sont donc postérieurs aux nerfs, & an-térieurs aux autres parties. Quand les ob-servations ne déposeroient point en faveur de cette décision, le seul bon sens suffiroit pour nous la faire admettre : & en effet, ne seroit-il pas absurde de supposer que les nerfs vinssent percer les tuniques des vaisseaux sanguins, & la substance du cœur après leur formation ; que les nerfs & les arteres allassent pénétrer dans les différentes parties déjà formées. N'est-il pas évident que ces introductions après coup dérangeroient l'organisation des parties. Nous ignorons ce qu'on peut opposer de raisonnable aux conséquences que nous venons d'établir, mais nous avouons qu'elles nous paroissent incontestables.

Nous souhaiterions pouvoir indiquer l'ordre dans lequel les autres parties de l'animal se succédent : mais il nous manque une suite d'observations qu'il ne nous a pas été possible d'entreprendre. Celles qu'on a faites sur le poulet, quoique très-nombreuses, nous paroissent insuffisantes. Ce n'est pas en se bornant à observer une seule classe d'individus, qu'on peut se flatter de parvenir à connoître l'ordre que la nature emploie dans ses procédés. Cette connoissance ne peut s'acquérir que par des observations faites sur un grand nombre de sujets de différentes especes ; & il seroit à souhaiter qu'elles fussent suivies par les mêmes personnes, afin de mieux juger des différences qu'elles présenteroient : mais

ce

ce travail exige des lumieres, de la fortu-
ne ; & malheureusement nous n'avons
que du zele. Nous sommes donc forcés de
terminer cet article, qui, quoiqu'incom-
plet, contient cependant assez de faits pour
prouver l'existence de l'épigénese.

ARTICLE SEPTIEME.

Idée de la formation des parties de l'animal.

Nous avons vu précédemment que le
pouvoir de la génération se réduisoit à produire des vésicules, mais comme nous n'a-
vons fait qu'indiquer leur existence, il est
nécessaire d'entrer ici dans quelques détails
à leur égard.

Nous n'entreprendrons point de déterminer la grosseur de ces globules dans chaque espece d'être , parce qu'il nous a été
impossible de multiplier les observations
nécessaires à cet effet : mais nous sçavons
qu'en général ils n'ont pas tous le même
volume dans le même individu ; qu'il en
est qui ne font que des points , tandis que
d'autres font cinq ou six fois plus gros.

On conçoit , quand nous ne le dirións
pas , que ces vésicules font très-près les
unes des autres , qu'elles font contenues
dans un mucilage ; & que, quoique leur
enveloppe paroisse avoir un peu plus de

confiſtance que ce fluide, elles n'en ſont pas moins mucilagineuſes; avec cette différence cependant, que plus ces véſicules ſont petites, plus elles ont de fermeté. Toutes contiennent une liqueur qui ſemble être de même nature, mais que nous croyons différente dans chaque véſicule. Nous fondons notre conjecture ſur ce que ces globules, étant produits les uns après les autres, & à des intervalles plus ou moins grands, il eſt naturel de penſer qu'il doit y avoir eu, entre les ſemences qui ont formé les derniers, des combinaiſons différentes de celles qui ont eu lieu, lors de la production des premiers, ou que ceux-ci contiennent des molécules plus variées que ceux-là. Au reſte ce ne ſont ici que des conjectures, qui ne portent ſur aucune obſervation, & dont par conſéquent on ne peut encore ſoutenir la bonté. Mais ce qu'il y a de certain, c'eſt que ces liqueurs, qui ſont de la claſſe des hétérogenes, ſubiſſent des combinaiſons qui different, ſelon la groſſeur des véſicules & la nature de l'humeur qu'elles contiennent.

C'eſt dans les véſicules, deſtinées à former la tête de l'animal, que l'on apperçoit les premiers effets de cette combinaiſon, de laquelle réſulte le cerveau, qui, comme l'on ſçait, n'eſt pendant long-tems qu'un mucilage, d'abord très-délayé, d'où

partent quelques filets très-déliés, qui vont
gagner les différentes véficules. Il fuffit de
réfléchir fur la petiteffe du nouvel être dans
fes premiers inftans, pour juger du peu
de longueur que ces filets doivent avoir
alors.

Il ne faut pas croire que cette premiere
efpece de végétation s'opere tout-à-coup,
comme celles que produit la Chymie ; elle
s'exécute avec beaucoup plus de lenteur :
mais tandis qu'elle a lieu, la liqueur contenue dans les autres véficules, fubit des
changemens, leur tunique augmente en
épaiffeur, fans acquérir beaucoup plus de
confiftance.

La véficule deftinée à former le cœur,
étant plus volumineufe que les autres, reçoit les premiers filets nerveux qui la pénetrent & fe ramifient dans fa fubftance.
La multiplicité de ces rameaux doit néceffairement rendre cette véficule très-fenfi-
ble : mais cette fenfibilité ne fe manifefte
point encore, parce que le fluide contenu
dans la véficule, n'a point acquis le caractere propre à la mettre en action ; enfin
elle fe convertit en fang ; & alors les molécules de cette liqueur, ayant une figure
différente de celle qu'elles avoient ci devant, irritent les extrémités des nerfs, ce
qui oblige la véficule de fe contracter. On
fent que dans ces premiers tems le fang

reçoit une impulsion bien foible, & par conséquent parcourt un espace très-borné, ce qui l'oblige de refluer bientôt vers le cœur, & de solliciter par sa présence une nouvelle contraction, & ainsi de suite. Mais le cœur acquiert du volume, de la force, le sang devient plus abondant par l'abord des fluides propres à le former, toutes causes qui contribuent à l'extension des vaisseaux.

Cette deuxieme espece de végétation animale est, comme la précédente, très-peu nombreuse d'abord; elle n'a point la figure qu'on lui observe dans le fœtus ou dans l'adulte, mais ces rameaux sanguins vont gagner les différentes vésicules, pénetrent dans l'intérieur des plus volumineuses, où elles se ramifient, & se distribuent seulement dans la substance, ou à l'extérieur de celles dont l'enveloppe a plus d'épaisseur.

Lorsque ces vaisseaux sont parvenus dans l'intérieur des vésicules, la liqueur fournie par leurs extrémités capillaires, se mêle avec celle de chaque vésicule; & alors il se fait une combinaison entre ces fluides, de laquelle résulte des molécules propres à former tel ou tel organe, selon l'espece de liqueur contenue dans la vésicule, ou l'espece de combinaison préparatoire qu'elle aura subie.

Ces molécules s'uniſſent autour des vaiſſeaux ſanguins & nerveux, qui ſervent de
baſe aux parties qu'elles doivent former.
Ces vaiſſeaux continuent de ſe ramifier,
les arteres apportent de nouvelles molécules qui s'adaptent aux premieres, & ainſi
de ſuite, comme on le verra, lorſque nous
parlerons de la nutrition, à laquelle ce
dernier effet appartient.

D'après cette explication très-abrégée,
on conçoit pourquoi chaque partie de
l'embryon n'eſt bien diſtincte qu'après que
les arteres y ont pénétré; pourquoi les organes ne paroiſſent être, dans les premiers
tems de leur formation, qu'un tiſſu de
vaiſſeaux unis les uns aux autres par une
ſubſtance étrangere, ou plutôt ces faits dé-
poſent en faveur de notre explication.

Lorſque les vaiſſeaux ſanguins ne ſe ramifient qu'à l'extérieur des véſicules, leurs
extrémités capillaires fourniſſent des molécules, qui different de celles qui ont été
produites par la combinaiſon qui a eu lieu
dans l'intérieur des véſicules; elles s'arran-
gent d'une autre maniere; & de-là, des
parties différentes de celles dont nous avons
parlé plus haut. Nous penſons que c'eſt
ainſi que ſe forment l'eſtomac, les inteſ-
tins, la veſſie, &c. Et en effet, on voit
que leurs vaiſſeaux ſanguins ſont ſitués plus
extérieurement qu'intérieurement; d'où il

femble naturel de conclure, qu'ils fe font ramifiés à l'extérieur des véficules deftinées à produire ces parties, foit que ces véficules, ayant trop de confiftance, n'aient pu être traverfées par les vaiffeaux, foit qu'étant primitivement très-petites, ces vaiffeaux n'aient pu fe ramifier qu'à leur extérieur.

Si les arteres fanguines fe ramifient dans la fubftance de l'enveloppe des véficules, elles formeront les os que l'on fçait être primitivement un tiffu de vaiffeaux, &c.

Nous nous bornerons à cet expofé, qui nous paroît fuffire, pour donner une idée de la formation des parties des animaux. Nous fentons combien elle eft imparfaite : mais le plan que nous fuivons, ne nous permet pas d'entrer dans des détails plus circonftanciés.

ARTICLE HUITIEME.

Réfumé de cette Section & des précédentes.

Nous avons vu dans la premiere fection, quelle étoit la marche de la Nature dans les préliminaires de la génération de l'homme. Nous avons indiqué dans la feconde les principaux moyens établis pour la reproduction des animaux & des végétaux : voici actuellement la fuite de l'hiftoire de

la génération fondée sur les faits que nous
venons d'exposer.

1°. Les divers procédés de la Nature,
pour la reproduction des êtres organisés,
tendent tous au même but ; sçavoir à la
réunion des substances séminales du mâle
& de la femelle, dans le lieu où doit se
former le nouvel individu.

2°. Lorsqu'elles sont rassemblées, elles
se combinent : voilà le but de leur réunion.

3°. De cette combinaison résultent de
nouvelles molécules, dont les unes sont
propres à former des solides, & les autres
des fluides.

4°. Les premiers produits de la combinaison, qui a eu lieu entre les semences des
animaux, sont des vésicules remplies de
liqueur, lesquelles se forment successivement.

5°. La liqueur de chaque vésicule éprouve des changemens, qui different dans chacune d'elles, relativement à la quantité de
fluide qu'elles contiennent, au temps où
elles ont été formées, & enfin à l'espece
d'humeur qui y aborde.

6°. C'est dans les vésicules destinées à
former la tête, qu'on apperçoit les premiers changemens produits par la combinaison des liqueurs qu'elles renferment.

7°. C'est de cette combinaison que résultent le cerveau & les premiers filets

nerveux, les autres étant produits par l'accroiſſement.

8°. Pluſieurs de ces filets vont gagner la véſicule la plus voiſine. Pendant que cet effet s'exécute, l'humeur de cette véſicule éprouve des combinaiſons qui la convertiſſent en ſang : c'eſt alors que les molécules de ce fluide, ayant changé de figure, irritent les extrémités des filets nerveux ; & de-là, les premieres contractions du cœur & la formation des vaiſſeaux.

9°. Les arteres ſanguines & les nerfs vont gagner les autres véſicules, pénétrent & ſe ramifient dans l'intérieur des plus groſſes, ſe diſtribuent dans la ſubſtance, ou ſeulement à l'extérieur des autres.

10°. Les extrémités capillaires des arteres ſanguines fourniſſent une liqueur qui, unie à celle que contiennent les groſſes véſicules, ſe combinent, & donnent lieu à de nouvelles molécules. Celles-ci, en ſe réuniſſant autour des rameaux artériels & nerveux, forment la baſe des organes tels que le foie, les reins, &c. leſquels acquierent la figure qu'on leur obſerve dans la ſuite, par le moyen de l'accroiſſement.

11°. La liqueur que les extrémités capillaires des arteres ſanguines fourniſſent dans la ſubſtance des véſicules, auxquelles elles ſe ramifient, donne lieu à la formation de nouvelles parties, qui different des précédentes.

précédentes. Nous pensons que c'est ainsi
que se forment les os.

12°. La liqueur fournie par les extrémités capillaires des arteres qui se ramifient
à l'extérieur des vésicules, forme encore de
nouvelles parties. Nous sommes portés à
croire que les intestins, la vessie, &c. sont
de ce nombre.

13°. Enfin le nouvel animal doit être
considéré comme produit par des combinaisons successives, dont les premieres s'exécutent entre les substances séminales des
deux sexes, les secondes entre les liqueurs
résultantes des premieres combinaisons, &
les troisiemes entre les liqueurs nutritives,
comme nous allons le voir dans la Section
suivante.

QUATRIEME SECTION.

De l'accroissement.

ON nomme *accroissement* l'augmentation
du volume ou de l'étendue d'une partie,
laquelle s'exécute par le moyen de l'addition successive de plusieurs molécules : mais
comme toutes ne sont point propres à produire cet effet, & qu'il n'y a que celles qui
ont acquis le caractere du solide qu'elles
doivent accroître, qui puissent servir à cet

usage, nous commencerons par rechercher dans quel lieu se fait cette préparation.

ARTICLE PREMIER.

Du lieu où se forment les molécules destinées à l'accroissement.

Nous croyons pouvoir assûrer que ce n'est point dans les vaisseaux sanguins que se forment les molécules destinées à l'accroissement : nous nous fondons sur l'uniformité de la structure des globules rouges, & sur la décomposition qu'ils subissent, lors de leur passage dans les vaisseaux lymphatiques. D'ailleurs, comment expliquer la séparation de ces molécules ? Qu'est-ce qui empêcheroit que celles qui conviennent au cerveau ne se portassent aux os, & celles-ci aux yeux, &c? Les divers mouvemens du sang, la configuration particuliere de l'intérieur des vaisseaux ou de leur orifice, & tant d'autres raisons, que l'on pourroit en donner, seroient autant d'erreurs manifestes pour tous ceux qui sçavent observer.

Ce n'est pas non plus dans les vaisseaux lymphatiques que se forment ces molécules ; la liqueur qu'ils contiennent est exactement semblable dans tous ; ce qui ne seroit point, si les molécules, destinées à l'accroissement, se formoient dans ces canaux ; car chaque solide ayant un caractere particulier, & ne pouvant recevoir d'accroissement que par des molécules qui lui ressemblent, elles devroient se manifester dans les vaisseaux où elles se forment ; ceux du foie devroient contenir une lymphe différente de celle qui se distribue aux muscles, aux membranes, &c. ce qui est démenti par l'observation. Cette idée n'est donc pas plus admissible que la précédente.

Reste à sçavoir si elles se forment après l'évacuation de la lymphe ; & c'est ce qui nous paroît probable ; car, dès-lors que cette liqueur est la même dans toutes les parties où elle se filtre, & que ce n'est qu'après s'être épanchée, que ces molécules changent de caractere, il est clair que ce changement n'a pu s'effectuer qu'après sa filtration ; & alors il faut considérer l'accroissement comme le résultat d'une sécrétion ; d'où il suit que, si nous voulons parvenir à sçavoir comment ces molécules acquierent le caractere des parties qu'elles doivent accroître, il faut que nous tâchions de découvrir la cause de la variété des sécrétions.

※

ARTICLE SECOND.

Recherches relatives à la cause de la diver-
sité des sécrétions.

LE sang est, comme personne ne l'ignore, la source de toutes les humeurs : il
ne contient ni bile, ni salive, ni synovie,
&c. &c. mais il possede toutes les molécules propres à les former. Le sang est donc
une liqueur hétérogene.

Ceci posé, jettons un coup d'œil sur les
organes sécrétoires.

Toute partie destinée à opérer quelques
sécrétions , est formée par un assemblage
de vaisseaux , qui sont une continuation
des extrémités capillaires des arteres sanguines. Le nombre, l'arrangement & l'étendue de ces canaux different dans chaque organe sécrétoire. Le foie en contient
beaucoup plus que les reins , ceux-ci en
ont davantage que les glandes salivaires ,
&c. Ceux qui servent à la transpiration
cutanée sont courts & droits : ils forment
des especes de pelotons aux parotides , des
zigzags aux testicules , &c. Voyons quel
est le but de la nature , en variant ainsi la
disposition de ces canaux; & afin de mieux
le découvrir, commençons par l'examen
des sécrétions les plus simples , pour passer
ensuite aux plus composées.

On sçait que la transpiration cutanée est l'évacuation d'une humeur qui sort des pores de la peau, sous la forme d'une vapeur. Lorsque cette sécrétion se fait naturellement, c'est toujours avec lenteur, & alors la liqueur évacuée a quelque chose d'onctueux; mais si on fait usage d'alimens ou de boissons échauffans, ou si on s'occupe à des travaux pénibles, la transpiration devient plus abondante; c'est ce qu'on nomme sueur, laquelle differe de la simple transpiration par la consistance, le goût & l'odeur qui varient encore selon les parties qui la fournissent. Or, en comparant ces différences avec les causes qui les produisent, on voit clairement que si la sueur differe de la transpiration, c'est que dans le premier cas, la lymphe n'ayant pas séjourné assez long-temps dans les canaux sécrétoires, n'a pu acquérir le caractere qu'on lui remarque dans le second, & que, comme son cours a été accéléré, cette augmentation de vélocité & de chaleur a produit sur elle le même effet qu'elle opere sur tous les fluides hétérogenes, c'est-à-dire, qu'elle a changé l'ordre des combinaisons.

De tout ceci, il suit que la matiere de la transpiration est préparée dans les vaisseaux qui la contiennent, & qu'ensuite elle subit des changemens après son éva-

cuation, lesquels varient selon les circonftances qui ont accompagné sa sortie & les
lieux où elle s'épanche.

Les reins contiennent, dans leur intérieur, les ramifications très - nombreufes
des artères émulgentes, dont les extrémités capillaires ont peu de longueur. D'après
cette difpofition on conçoit que , fitôt que
le fang s'y préfente, fa férofité (1), beaucoup plus ténue que les globules rouges ,
doit enfiler les vaiffeaux fécrétoires , tandis
que ces globules continuent leur cours
pour entrer dans les veines. Si l'on examine cette féroficé à fa fortie des reins ,
on lui trouvera le goût & l'odeur de l'u-
rine , moins fenfible à la vérité que lorfqu'elle aura féjourné dans la veffie , mais
affez manifefte , pour nous prouver que
c'eft dans les vaiffeaux fécrétoires qu'elle a
commencé à acquérir ces caracteres.

Il eft reconnu que la matiere de la
tranfpiration ou de la fueur eft la même
que celle de l'urine ; cependant ces deux
humeurs, comme on voit , different beaucoup l'une de l'autre. Il nous femble que
la raifon de cette diffemblance vient de ce
que les vaiffeaux fécrétoires de l'une font
conformés différemment de ceux de l'au-

____

(1) Nous entendons ici par féroficé une liqueur com-
pofée de molécules aqueufes & lymphatiques.

tre : ce qui suffit pour déterminer des combinaisons différentes.

Nous croyons devoir faire observer que
la matiere des sécrétions, dont nous venons de parler, ne provient point de la
décomposition des molécules sanguines ;
mais qu'elle est produite par la partie
aqueuse du sang, qui entraîne avec elle la
lymphe la plus ténue, c'est-à-dire, celle
qui, après avoir subi plusieurs circula-
tions, n'est plus propre à servir à la nutrition des solides ; & nous croyons que la
lymphe, qui résulte de la décomposition
des globules rouges, est uniquement destinée à produire la salive, la liqueur séminale, la matiere de la nutrition, &c. &c.
C'est ce que nous ne rapportons qu'en passant : on verra sur quoi nous nous fondons, lorsque nous parlerons des sécrétions dans l'ouvrage que nous avons an-
noncé.

Les testicules sont évidemment composés de vaisseaux différemment repliés,
qui sont la continuation des extrémités capillaires des arteres spermatiques. Outre
le peu de sérosité qui entre dans ces canaux, ils admettent encore la liqueur ré-
sultante de la décomposition des globules
sanguins. Ces deux fluides parcourent len-
tement les divers replis des vaisseaux sécrétoires, d'où ils passent dans l'épididy-

me, & enfin de-là dans les véficules féminales.

Si on examine cette liqueur au fortir
des tefticules, on lui trouvera un caractere
différent de celui qu'elle avoit en y entrant : ce qui prouve que pendant fon
cours elle a éprouvé des changemens qui
ne peuvent être que l'effet de quelques
combinaifons. Mais le changement le plus
grand eft, fans contredit, celui qui a lieu
dans les véficules féminales. Il y a tout
lieu de croire que la combinaifon eft l'u-
nique caufe qui le produife ; car il eft évident que la confiftance que cette liqueur
acquiert n'eft pas l'effet du defféchement,
produit par la chaleur du lieu où elle féjourne, puifque le feu, au lieu de l'épaif-
fir, la rend fluide. C'eft donc dans les canaux des tefticules que la femence commence à fe former, & c'eft dans les véficules féminales qu'elle acquiert le degré
de perfection néceffaire au but de la
nature.

Le fang qui aborde aux glandes falivaires eft exactement femblable à celui qui
a fourni la matiere de la femence. La liqueur qui fe filtre dans ces glandes eft de
même nature que celle qui a pénétré dans
les canaux des tefticules ; cependant les
glandes falivaires fourniffent une humeur
bien différente de la liqueur féminale. La

cause de cette dissemblance nous paroît
facile à découvrir : il ne s'agit pour cela
que de comparer la structure des deux organes sécrétoires dont nous parlons, & de
se rappeller ce que nous avons dit en parlant de la combinaison des fluides hétérogenes, (*Voyez l'Article III de la troisieme Section*) & alors on concevra aisé-
ment que les canaux sécrétoires des glandes salivaires, ayant moins de diametre
& plus de longueur que ceux qui composent les testicules, la liqueur qui les parcourt doit éprouver pendant sa marche
une suite de combinaisons différentes de
celles que subit la matiere de la semence
dans les testicules, parce que le diametre
& la longueur des vaisseaux, qui contiennent une humeur hétérogene, sont autant de circonstances qui suffisent pour influer sur l'ordre des combinaisons : ensorte
que ces combinaisons varieront nécessairement, selon que les vaisseaux seront plus
ou moins larges, plus ou moins longs, &c.
& de-là autant de produits différens. Si la
liqueur filtrée par les glandes salivaires
l'eût été par le cerveau ou par les glandes
synoviales, &c. elle auroit produit des es-
prits animaux, de la synovie, &c. ; & cela,
parce que la structure de ses organes sécrétoires, étant différemment conformée, la
liqueur qui les auroit parcourus auroit subi
d'autres combinaisons.

Il eſt une autre eſpèce de ſécrétion qui diffère des précédentes, en ce que le ſang veineux eſt le ſeul qui apporte à l'organe la matiere qui doit être filtrée. C'eſt ici comme dans les reins une ſimple ſéparation de liqueurs ſans décompoſition des globules rouges. Telle eſt la maniere dont ſe fait la ſécrétion de la bile : le ſang contenu dans la veine-porte contient les molécules graiſſeuſſes, & celles dont le concours eſt néceſſaire pour former cette humeur. Au moment de leur filtration le fluide n'a qu'une légere amertume, une teinte jaunâtre & nulle conſiſtance ; mais lorſqu'il a ſéjourné dans la véſicule du fiel, il acquiert plus d'amertume, d'épaiſſeur & de couleur : effets qui ſont viſiblement produits par la continuation de la combinaiſon, laquelle a commencé au moment où les parties propres à former la bile ſe ſont réunies.

De tout ce que nous venons de dire dans cet article, il réſulte que l'on doit diſtinguer trois eſpeces de ſécrétions ; que la premiere n'eſt autre choſe qu'une ſimple ſéparation de la partie aqueuſe du ſang artériel, laquelle entraîne avec elle la lymphe ſurabondante, c'eſt-à-dire, celle qui n'entre point dans la compoſition des globules rouges ; que la ſeconde ſécrétion eſt encore une ſimple ſéparation de molécu-

les, qui n'entrent nullement dans la formation des globules fanguins ; mais qui,
au lieu d'être fournis par les arteres,
comme dans les fécrétions de la premiere
efpece, le font par des veines ; que la troifieme efpece de fécrétion n'a lieu qu'après
que chaque globule fanguin s'eft décom-
pofé, pour produire la liqueur qui doit
être fécernée ; que dans les deux premieres efpeces de fécrétions, la préparation
de l'humeur qui doit être filtrée commence dans les vaiffeaux fanguins, fe con-
tinue dans les canaux fécrétoires, & enfin fe perfectionne dans les réfervoirs où
ces humeurs font dépofées ; que dans la
troifieme efpece de fécrétion, ce n'eft que
dans les vaiffeaux fécrétoires, que les liqueurs commencent à acquérir des changemens ; que les unes ont acquis leur perfection au moment où elles s'évacuent,
telle que la falive, &c. & que d'autres ne
l'acquierent que par leur féjour dans quelques réfervoirs, comme la femence, &c.
& qu'enfin dans toutes les efpeces de fécrétions, mais principalement dans la
troifieme, les humeurs qu'elle produit varient felon la longueur des canaux fécrétoires, la grandeur de leur diametre, la
lenteur avec laquelle la liqueur, qui doit
être filtrée, les parcourt, les lieux où elle eft
dépofée, le temps qu'elle y féjourne, &c.

Ainsi la diversité des sécrétions de la troisieme espece dépend donc de la conformation des canaux sécrétoires, lesquels favorisent telle ou telle combinaison, plutôt que telle ou telle autre. Cette vérité une fois admise, il est, on ne peut plus facile, de rendre raison d'une foule de phénomenes jusqu'à présent inexplicables.

ARTICLE TROISIEME.

De la maniere dont sont produites les molécules destinées à l'accroissement.

MAINTENANT que nous connoissons la cause de la diversité des sécrétions, il nous paroît facile d'expliquer comment les molécules destinées à l'accroissement acquierent le caractere des parties, dont elles doivent augmenter le volume ou l'étendue : Voici comment nous concevons que ce changement s'exécute.

Les arteres qui se distribuent aux parties solides, dégénerent à leurs extrémités en vaisseaux blancs, connus sous le nom de lymphatiques. La liqueur, dont ces canaux sont remplis, provient de la décomposition que les globules rouges sont obligés de subir, en passant des arteres sanguines dans les lymphatiques. Or, puisque l'accroissement est le résultat d'une sécrétion, & puisque la matiere de toute sécrétion reçoit sa premiere préparation dans les canaux sécrétoires, nous pouvons présumer que c'est dans ces vaisseaux que la matiere de l'accroissement reçoit la préparation nécessaire, pour devenir propre à augmenter le volume ou l'étendue des parties, & que ce n'est qu'après son évacuation qu'elle acquiert le caractere propre à chaque solide ; & comme ils sont différemment configurés dans chaque partie, la liqueur contenue dans les uns éprouve des combinaisons différentes de celle renfermée dans les autres, & de-là, la diversité des humeurs que chacun d'eux fournit. Mais comme l'âge des individus influe beaucoup sur la perfection de ces combinaisons préparatoires, nous croyons devoir entrer dans quelques détails à cet égard.

Dans les premiers temps de la formation du nouvel être, le cœur ne se meut que foiblement ; le sang a très-peu de consistance, les vaisseaux lymphatiques peu de longueur & pas assez de ressort pour modérer l'écoulement de la lymphe ; d'où il suit que le sang mal conditionné fournit une liqueur qui auroit besoin de subir de grands changemens ; mais son peu de séjour dans les vaisseaux lymphatiques ne le permet point ; ces canaux éva-

cueront donc une liqueur très-fluide, &
peu propre à concourir à l'accroissement;
& le peu de molécules qu'elle contiendra
seront très-éloignées du caractere qu'elles
auront un jour; aussi toutes les parties qui
croissent dans ces premiers temps, ne res-
semblent-elles point à ce qu'elles seront
par la suite : toutes paroissent composées
d'un mucilage, qui a plus ou moins de
consistance, & que la moindre pression
peut détruire.

Mais peu-à-peu ces parties acquierent
plus de fermeté. On commence à distinguer leur couleur; leur forme se déter-
mine; leur accroissement se fait avec plus
de rapidité. Tous ces effets sont produits
par l'augmentation de la force du cœur,
qui chasse un sang mieux conditionné,
par l'accroissement des arteres sanguines
qui augmente la chaleur de l'individu;
par la multiplication des vaisseaux lymphatiques, & par leur allongement, qui
concourt à favoriser les combinaisons préparatoires de la lymphe. Plus ces causes
deviennent sensibles, & plus les effets
qu'elles produisent sont marqués. Il y a
ici une observation à faire, c'est que les
causes dépendent des effets & *vice versâ*:
enforte que la perfection des liqueurs, qui
doivent servir à l'accroissement, dépend de
l'accroissement du cœur & des vaisseaux,

& que la perfection de ces parties dépend de celle des liqueurs destinées à les faire croître.

Toutes les causes dont nous venons de parler, continuant d'agir, produisent par la suite de nouveaux effets; la lymphe devient plus épaisse; les canaux qu'elle parcourt, ayant plus de longueur qu'il ne faut pour favoriser une suite de combinaisons, telles qu'elles seroient nécessaires pour rendre cette liqueur propre à servir à l'accroissement, en déterminent de différentes, qui tendent à lui donner plus de consistance. Cette lymphe ne contient plus que des molécules étrangeres à la partie qui les reçoit, lesquelles se solidifient presqu'aussitôt qu'elles se sont épanchées; ces canaux s'obliterent, la sérosité est la seule qui y coule, pour entretenir la souplesse des parties qu'elle arrose; mais enfin ces sources tarissent bientôt, & de-là, le desséchement général, avant-coureur de la mort. Et c'est ainsi que les mêmes causes, qui d'abord déterminent la perfection des solides, en continuant d'agir, en procurent le desséchement & la perte de la vie.

D'après cet exposé, il est facile de concevoir pourquoi les parties de l'embryon sont si différentes de celles du fœtus, & celles-ci de celles de l'adulte & des vieillards; pourquoi le fœtus, au moment de sa naissance, a tant de parties imparfaites ; pourquoi plusieurs ne se forment qu'après que d'autres ont acquis un certain degré de perfection ; pourquoi les sécrétions sont d'autant plus imparfaites que le sujet est moins avancé en âge, &c. &c. Passons au méchanisme de l'accroissement.

ARTICLE QUATRIEME.

Du méchanisme de l'accroissement.

CROIRE que l'accroissement des corps organisés se fait comme celui des corps inorganiques, c'est être dans l'erreur. Il est bien vrai que l'accroissement des uns & des autres s'opere par l'addition de nouvelles molécules ; mais cette addition s'exécute différemment dans chacun de ces solides.

Les corps inorganiques croissent au moyen d'une apposition extérieure de nouvelles molécules, laquelle peut être considérée comme une espece de maçonnerie ; au lieu que dans les corps organisés, chaque molécule, qui doit servir à l'accroissement, s'introduit entre celles qui forment la partie, les distend, comme feroit un coin, & s'y attache par le moyen du gluten qui l'accompagne. Telle est en général la maniere dont s'exécute l'accroissement

des

des corps organisés. Entrons actuellement dans quelques détails.

Les vésicules produites par la génération sont les premieres parties dont on peut observer l'accroissement, lequel se fait, selon toute apparence, par intus-susception ; car il n'existe nuls canaux capables d'introduire, dans la substance de cette foible enveloppe, la matiere propre à son accroissement ; au moins personne n'en a-t-il encore observé. C'est par le moyen de l'interposition successive de nouvelles molécules, que ces parties, qui, au moment de leur formation, ne peuvent être apperçues que par le secours de l'esprit-de-vin, deviennent sensibles à la vue simple.

Nous avons dit (*Art. VII*, *Sect. III*), que les nerfs étoient les premieres parties de l'embryon qui se manifestassent après les visicules ; & comme ils sont évidemment une prolongation du cerveau, nous croyons devoir les considérer comme produits par l'accroissement de cette partie. Voici comment nous pensons que cela s'exécute.

La vésicule qui contient la matiere propre à former le cerveau, s'accroît par l'abord de nouvelles molécules qui traversent ses pores, mais pendant que cette augmentation s'opere, la vésicule acquiert de

la confiſtance, & par-là devient moins fuſ-
ceptible d'extenſion. Le cerveau continuant
de croître, eſt forcé de s'échapper par quelqu'iſſue, ou de s'en procurer, en écartant
les parois les plus foibles de la véſicule. Il
paroît que c'eſt à la baſe de cette véſicule
que ces écartemens ont lieu, ou qu'ils exiſtent. C'eſt par eux que la ſubſtance du cerveau s'échappe, ſous la forme de filets
qui ſe frayent une route dans le mucilage;
& à meſure qu'ils croiſſent, ils s'avancent
vers la véſicule la plus voiſine à laquelle ils
ſe ramifient : c'eſt à celle qui eſt deſtinée à
former le cœur, comme nous l'avons dit.
D'autres filets ſe portent plus loin; les uns
ſe diviſent dans le mucilage, les autres
vont ſe diſtribuer à d'autres véſicules, &c.
Telle eſt, ſelon nous, l'origine des premiers nerfs qui, quoique très-peu nombreux d'abord & très-grêles, ſuffiſent au
but de la nature.

L'accroiſſement des parties que nous venons de nommer, ſe fait aux dépens des
liqueurs ſéminales; auſſi eſt-il très-lent :
mais enfin arrive le moment où le ſang
exiſte, où le cœur jouit du mouvement, &
où les arteres ſanguines parviennent aux
diverſes parties. Celles qui ſe diſtribuent
à l'extérieur du cerveau, fourniſſent une
lymphe d'autant plus propre à augmenter
l'accroiſſement de ſa ſubſtance, qu'elle n'a

pas besoin de subir un grand changement; & comme cet accroissement est plus rapide que le précédent, les prolongemens se multiplient; tous ces filets nerveux augmentent de volume, distendent leur foible enveloppe; leur substance s'insinue dans les écartemens qu'ils rencontrent, d'où résultent de nouveaux rameaux; ou bien elle s'accumule à quelques points de la circonférence des nerfs, ou à leur extrémité, & forme ces éminences, connues sous le nom de *ganglions* (1).

L'accroissement de ces parties se fait par le moyen d'une liqueur qui s'insinue dans la substance du cerveau, parcourt l'intérieur des nerfs, & dépose partout les molécules propres à augmenter leur volume ou leur longueur. Mais comme dans les premiers tems ces molécules sont accompagnées de beaucoup de sérosité, leur adhérence est très-foible; & de-là le peu de consistance du cerveau. Si les nerfs paroissent plus fermes, c'est parce que leur enveloppe a acquis plus de densité. A mesure

---

(1) Ensorte que nous regardons les ganglions comme produits par l'accumulation de la substance des nerfs à leur extrémité, ou à quelque point de leur circonférence. Cette accumulation se fait dans un temps où la substance des nerfs a trop de fluidité pour pénétrer les tubercules auxquels ces ganglions fournissent ensuite des rameaux, &c. Nous développerons ailleurs cette idée que nous ne faisons qu'indiquer ici.

que le sujet avance en âge , les parties
contenantes de la tête, opposant plus d'obstacles à l'extension du cerveau , les nerfs
ne s'allongent que très-lentement , leur enveloppe n'étant plus susceptible d'être dis-
tendue.

Alors les nouvelles molécules sont obli-
gées de s'accumuler, de se presser ; & par-
là , d'accroître la consistance de ces parties ,
laquelle va toujours en augmentant , jusqu'à ce que la mort arrive.

Rien de plus facile à expliquer que l'accroissement des vaisseaux sanguins. Leur
tunique, d'abord très-mince, devient plus
épaisse , à mesure qu'ils se distendent ,
parce que dans ce cas de nouvelles couches
mucilagineuses s'appliquent à leur extérieur : par la suite cette épaisseur s'accroît
aux dépens du tissu cellulaire voisin : l'augmentation du sang & celle de la force du
cœur obligent ces canaux à se prolonger ;
Alors les points les plus foibles de leur parois cedent , donnent lieu à des tubercules
qui s'allongent peu-à-peu , au point de
former des branches, des rameaux ou des
ramifications. Si les arteres ont plus de
consistance que les veines , c'est que le
sang des premieres fournit des molécules
qui s'insinuent peu-à-peu entre les parois
de ces canaux, & les fortifient. Peut-être
les arteres ont-elles des vaisseaux lympha-

tiques qui leur fourniſſent une matiere propre à augmenter leur épaiſſeur; c'eſt ce que nous n'avons encore pu déterminer. On voit par ce que nous venons de dire, que nous n'admettons point ces tuniques nerveuſes, muſculeuſes, vaſculaires, &c. que pluſieurs Phyſiologiſtes ſe ſont plû à imaginer, comme ſi les arteres avoient beſoin de ces différentes tuniques, démontrées inutiles par l'expérience, & que l'examen le plus ſcrupuleux ne peut découvrir. Paſſons à l'accroiſſement du foie & des reins.

Ces parties ſont du nombre de celles que nous avons dit être formées par la combinaiſon du fluide, fourni par les extrémités capillaires des arteres ſanguines avec la liqueur contenue dans les véſicules. Les molécules qui réſultent de cette combinaiſon, s'adaptent à la circonférence des vaiſſeaux ſanguins & nerveux; enſorte qu'ils ſont renfermés dans le corps produit par la réunion de ces nouvelles molécules; & alors on conçoit que leur préſence doit former un obſtacle au cours de la lymphe, & par conſéquent rallentir ſa marche, ce qui la met en état d'éprouver en partie les changemens dont elle a beſoin, pour ſervir à l'accroiſſement. La ſeule évacuation de cette liqueur ſuffit pour écarter les molécules déjà réunies, leſquelles n'adherent que très-foiblement les unes aux autres, à cause de la grande fluidité du gluten qui les unit : & comme ces nouvelles molécules font dans le même cas que les précédentes, elles feront déplacées à leur tour avec autant de facilité ; & il en fera ainfi jufqu'à ce que le gluten ait plus de fermeté. Voilà pourquoi ces parties croiffent d'abord fi promptement.

Tant que le déplacement des molécules eft facile, les vaiffeaux lymphatiques, du centre de la partie, concourent à l'accroiffement ; mais lorfque le nombre des molécules eft trop grand, ou leur adhérence trop forte, ce ne font plus que les vaiffeaux de la citconférence qui fourniffent la matiere de l'accroiffement, tandis que ceux du centre preffés de toutes parts fe rétréciffent & s'obliterent. C'eft ainfi que ces parties continuent de croître, jufqu'à ce qu'enfin il ne foit plus poffible à l'humeur affluante de déplacer les molécules extérieures, ou, qu'en conféquence des changemens généraux, indiqués à l'article précédent, elle ne foit plus propre à fervir à l'accroiffement ; & alors les vaiffeaux lymphatiques, ici comme dans toutes les autres parties, ne fourniffent plus qu'une liqueur aqueufe, qui fert à entretenir la foupleffe du lien des molécules : mais cette humeur devenant peu-à-peu plus rare,

cause le desséchement qui se manifeste par
la suite.

Ce que nous venons de dire, relativement à l'accroissement du foie & des reins,
convient à presque toutes les autres parties, avec les différences suivantes.

Les muscles étant attachés, tant supé-
rieurement qu'inférieurement, à des parties qui croissent, il faut nécessairement
qu'ils s'allongent : or, on conçoit que cette
extension doit changer la forme que les
muscles auroient, si elle n'existoit point ;
ce qui suffit pour déterminer l'accroissement à se faire différemment ici que dans
les autres parties. L'extension que les muscles & les tendons subissent, diminue le
contact des molécules, & laisse des vuides
que d'autres molécules viennent remplir ;
& ainsi de suite, jusqu'à ce que l'accroissement des parties, auxquelles ils s'attachent,
cesse ; & alors les muscles croissent en
épaisseur, & les tendons acquierent plus
de densité ; les aponevroses, les ligamens
sont dans le même cas.

Lorsqu'on examine les os, au moment
où ils se forment, on voit qu'ils ne sont
d'abord composés que de vaisseaux sanguins, qui se sont ramifiés dans la substance des tubercules, & qui sont unis par
une substance gélatineuse, laquelle acquiert par la suite plus de densité. Cette

subſtance eſt fournie par les extrémités de
ces vaiſſeaux ; c'eſt elle qui forme par ſon
épaiſiſſement la partie terreuſe des os qui,
en s'accumulant, comprime les arteres , diminue leur diametre , & enſuite les obli-
tere.

L'accroiſſement des dents , des poils,
des ongles, des plumes, & en un mot de
toutes les parties ſuſceptibles de régénéra-
tion , ſe fait uniquement à leur baſe, ou ;
ſi l'on veut , à leur racine, qui a toujours
moins de conſiſtance ; & alors les nouvelles molécules forcent les anciennes à avan-
cer en-dehors ; & de-là l'allongement de
ces différentes parties, qui acquierent peu-
à-peu la conſiſtance qu'on leur remarque.

Ne nous propoſant point de faire ici un
Traité complet ſur l'accroiſſement , nous
nous bornerons à ces détails, qui nous paroiſſent devoir ſuffire, pour montrer que
cette opération, comme toutes celles de la
Nature , s'exécute ſur un plan général ,
mais dont les procédés varient ſelon pluſieurs circonſtances.

ARTICLE CINQUIEME.

Réſumé de cette Section.

DE tout ce que nous venons de dire, il
faut conclure :

1°.

1°. Que l'accroissement doit être considéré comme le résultat d'une sécrétion.

2°. Que c'est dans les vaisseaux lymphatiques, qui sont la continuation des extrémités capillaires des arteres sanguines, que la matiere de l'accroissement reçoit ses préparations.

3°. Que ce n'est qu'après son évacuation qu'elle acquiert le caractere des parties qu'elle est destinée à accroître.

4°. Que cette matiere est d'autant plus fluide, & moins propre à l'accroissement, que le sujet est plus jeune.

5°. Qu'elle se perfectionne, & devient plus abondante dans le fœtus, plus encore dans l'adolescence ; & qu'ensuite elle diminue peu-à-peu, & disparoît enfin.

6°. Que l'accroissement des corps organisés se fait par le moyen de l'introduction des nouvelles molécules entre celles qui forment les parties.

7°. Que ces molécules s'unissent les unes aux autres, par le moyen d'un gluten, qui n'est autre chose que la portion de lymphe qui les accompagne, lors de leur évacuation.

8°. Que c'est de la multiplicité de ces molécules & de la consistance du gluten, que dépend la fermeté & la solidité des parties.

9°. Enfin que leur rigidité & leur dessé-

chement eſt la ſuite de l'oblitération gra-
duelle des vaiſſeaux lymphatiques deſtinés
à fournir la matiere de l'accroiſſement.

CINQUIEME SECTION.

Explication de quelques faits re-latifs à la génération.

C'EST ici le lieu de faire une remarque
qu'il nous a été impoſſible de placer ailleurs, & au moyen de laquelle il nous ſera
facile de rendre raiſon des faits qui vont
nous occuper. C'eſt que la ſubſtance ſéminale de chaque animal, de chaque végétal, diffiere, non-ſeulement par rapport aux
ſexes, mais encore relativement à leur
claſſe, leur genre, leur eſpece, leur variété, au climat qu'ils habitent, aux ſaiſons,
à leur conſtitution, aux alimens dont ils
uſent, & enfin à l'âge où ils ſont. Nous ré-
ſervons pour un autre Ouvrage les preuves
de cette vérité, dont il eſt facile de ſe convaincre par l'obſervation.

ARTICLE PREMIER.

De la reſſemblance des enfans à leurs parens.

LA reſſemblance des enfans à leur pere,
ou à leur mere, eſt un de ces faits ſur

lequel les Phyſiologiſtes ne font point d'accord. Les uns foutiennent qu'elle a lieu , & d'autres le nient. Cette différence de fentiment vient fans doute de ce que les uns parlent des traits du viſage , & les autres du nombre , de la forme & de la ſtructure des parties : entrons dans quelques détails.

Il ſuffit de comparer l'enfant qui vient de naître , à ceux qui lui ont donné le jour , pour fe convaincre qu'il ne leur reſſemble que par certains caraceres généraux. Si on examine le nombre , la figure & la ſtructure des parties du nouveau-né , on les trouvera trés-différentes de celles de fon pere & de fa mere , mais elles fe perfectionneront par la fuite ; & alors le nouvel être aura plus de reſſemblance avec fon pere & fa mere. Cependant cette reſſemblance ne fera point exacte , parce que ce nouveau fujet aura des parties plus ou moins nombreufes , ou conformées différemment de celles des auteurs de fes jours. Il n'eſt point d'anatomiſte qui n'ait eu occaſion de fe convaincre de cette vérité : ainſi nous pouvons donc affirmer qu'il n'eſt aucun enfant qui reſſemble exactement , par la ſtructure & le nombre de fes organes , à fon pere ou à fa mere. Nous pouvons même donner plus d'extenſion à cette vérité, en diſant qu'il n'y a pas dans le monde deux individus exactement femblables, fi on les confidere fous l'afpect que nous venons d'indiquer.

Mais quelles font les caufes de cette diffemblance ? Il en eft une générale & d'autres particulieres.

La caufe générale vient de la conftitution des liqueurs féminales ; & l'on conçoit facilement que, puifqu'elles font fi fufceptibles de variation, l'individu qu'elles formeront dans telle circonftance aura néceffairement des organes différemment conformés de ceux de l'individu qu'elles formeront dans telle autre. Cette conftitution des folides influera enfuite fur la formation d'autres parties, & fur l'accroiffement général.

Les divers accidens qui furviendront à la femme pendant fa groffeffe, les maladies que l'enfant éprouvera, foit avant, foit après fa naiffance, les alimens dont il fera ufage, &c. &c. feront autant de caufes particulieres, capables d'altérer fes humeurs & d'influer fur l'accroiffement de fes parties, d'où réfulteront une foule de difformités organiques, &c. Paffons maintenant à la reffemblance de la phyfionomie.

On fçait qu'il eft très-commun de trouver des enfans qui reffemblent, jufqu'à un certain point, à leurs peres & meres ; mais lorfqu'on examine avec attention les deux phyfionomies les plus reffemblantes, on

voit que la différence entr'elles eft beaucoup plus grande, que celle qui exifte entre une copie & fon original ; enforte qu'on
peut assûrer qu'il n'en eft point de parfaite.
Et en effet, pour que le vifage de l'enfant,
à quelqu'âge qu'on le fuppofe, reffemblât
très-exactement à celui de fon pere ou de
fa mere, il faudroit que toutes fes parties
euffent les mêmes proportions : mais nous
venons de voir tout-à-l'heure que la chofe
eft extrêmement difficile, pour ne pas dire
impoffible ; parce qu'un abord de liqueurs
plus ou moins abondant, la préfence de
quelques molécules hétérogenes, &c. peuvent changer les dimenfions de quelques-
unes des parties du vifage, & par-là, altérer les traits, d'où s'enfuivra une diminution dans la reffemblance des enfans avec
leurs peres & meres.

On nous demandera peut-être pourquoi
ces reffemblances, quelqu'inexactes qu'elles
foient, ont tantôt plus de rapport au pere
qu'à la mere, & tantôt plus à la mere qu'au
pere ? Nous répondrons que, dans le premier cas, la liqueur féminale du pere étoit
plus remplie de molécules hétérogenes que
celle de la mere, lefquelles ont influé fur
la conformation des parties du vifage ; &
que, dans le fecond, les molécules hétérogenes ont dominé dans la femence de la
femme. Il eft facile de concevoir comment

la préfence de ces molécules peut influer fur la conformation des parties du vifage ou de toute autre en général, en fe rappellant ce que nous avons dit touchant la formation des folides. (*Voyez l'Art. VII. de la Troifieme Section.*)

ARTICLE SECOND.

Des Mulets.

Pour concevoir comment les mulets font produits, il faut fe rappeller ce qui a été dit à l'article des combinaifons, (*Voyez l'Art. III. de la Troifieme Section.*) & la remarque que nous avons faite au commencement de cette Section ; & alors on concevra aifément que toutes les fois que le mâle fera d'une claffe, d'un genre, ou d'une efpece différente de celle de la femelle, la combinaifon de leur fubftance féminale produira des molécules configurées différemment qu'elles n'auroient été, fi la fécondation fe fût opérée par un mâle de la même efpece de la femelle ; & de-là cette différence dans la conformation des parties du nouvel être. Il arrive ici la même chofe que, lorfqu'au lieu de combiner un acide avec un alkali-minéral, on le combine avec un alkali-végétal ; les criftaux qu'on obtient dans ce dernier cas dif-

ferent des premiers, mais ce font toujours
des criftaux.

ARTICLE TROISIEME.

Des vices de conformation.

IL eft des vices de conformation héréditaires, & d'autres qui font acquis.

Tout vice de conformation héréditaire
nous paroît provenir de celui de la liqueur
féminale du fujet mal conformé ; c'eft-à-
dire, qu'elle contient des molécules étrangeres plus ou moins nombreufes, qui, entrant
dans la ftructure d'une ou de plufieurs parties, changent leur figure ou leur organi-
fation ; enforte qu'elles feront ou trop foibles, ou trop fortes, ou enfin ces molécules hétérogenes difpoferont les liqueurs féminales à produire des véficules ou des
tubercules furnuméraires, qui donneront
lieu à de nouvelles parties.

Si c'eft conftamment la même partie
qui foit mal conformée dans chaque génération, cela vient de ce que les molécules
étrangeres font de nature à ne pouvoir être
admifes que dans la conftitution de cette
partie, parce qu'elles ont plus de rapport
avec les molécules qui la forment, qu'avec
celles des autres folides.

La préfence des molécules hétérogenes

I 4

produit ici le même effet que celles qui s'infinuent entre les molécules falines, au moment où la criftallifation s'exécute ; préfence qui, comme l'on fçait, rend les criftaux plus ou moins difformes, felon que les molécules étrangeres font plus ou moins abondantes.

Mais pourquoi tel vice de conformation, après avoir difparu quelque tems, même après plufieurs générations, fe manifefte-t-il de nouveau dans les defcendans du fujet qui les poffédoit ?

C'eft que la liqueur féminale de la perfonne, qui auroit dû tranfmettre le vice de conformation, a été mieux travaillée que celle de fes prédécefleurs ; enforte qu'elle ne contenoit que très-peu ou point de molécules étrangeres. Dans le premier cas, il n'y aura que quelques veftiges du vice de conformation ; & dans le fecond il n'y en aura aucune apparence. Il peut encore arriver que les molécules, propres à tranfmettre tel ou tel vice de conformation, foient, ou affoiblies, ou dénaturées par la femence du fujet bien conformé. Si elles ne font qu'affoiblies, le nouvel être, recevant le germe d'un vice de conformation, pourra engendrer des individus mal conformés, ce qui n'arrivera plus, lorfque ces molécules feront dénaturées.

Quant aux vices de conformation qui

ne font point héréditaires, il en eft de deux fortes : ou ils font produits par des accidens arrivés pendant la conception, & alors ils ne fe tranfmettront point à d'autres individus ; ou ils proviennent du vice de la liqueur féminale nouvellement acquis : dans ce cas, le vice de conformation peut être borné au feul fujet qui en eft affecté, ou être tranfmis à fes defcendans, felon l'abondance ou le caractere des molécules hétérogenes, &c.

ARTICLE QUATRIEME.

Des Monftres.

L'ORIGINE des monftres qui a donné lieu à tant d'Ecrits, & fur laquelle nous ne poffédons rien de fatisfaifant, nous paroît très facile à expliquer.

Il eft certain que, fi lors de la formation du nouvel être, la nature eft troublée dans fon ouvrage, les combinaifons feront dérangées, ou leurs produits déplacés. Or, il eft clair qu'elle peut l'être par des mouvemens violens, des preffions, des coups, des chûtes fur la région de la matrice, par un abord d'humeurs trop abondant, ou par leur difette. Quelques-unes de ces caufes produiront entre les molécules, deftinées à la formation du nouvel individu, la même confusion que celle qu'on observe entre les molécules salines, lorsqu'on agite la liqueur dans laquelle elles se cristallisent. De-là le dérangement qui arrive dans l'ordre des combinaisons; la transposition de quelques parties, la destruction de plusieurs, la conformation vicieuse de quelques-unes, & enfin le désordre plus ou moins grand qui arrivera, selon que ces causes auront agi plus vivement, ou dans des tems moins éloignés du moment de la conception.

Mais ce ne sont pas là les seules causes qui soient capables de produire des êtres monstrueux. La mauvaise constitution des liqueurs séminales, ou celle des humeurs qui servent à l'accroissement de l'embryon, l'inégalité de la distention de la matrice, &c. sont aussi capables de changer l'ordre des combinaisons & de produire ou de nouveaux organes ou des parties mal conformées.

D'après cet exposé, on voit que l'origine des monstres tient à des causes bien simples; & l'on conçoit pourquoi ces êtres, quelque difformes qu'ils soient, nous offrent des rapports si exacts entre toutes leurs parties.

SIXIEME SECTION.

Recherches relatives à la génération spontanée.

ON sçait que les Naturalistes ne sont point d'accord sur l'origine de tous les êtres organisés : que les uns, (& c'est le plus grand nombre,) assûrent que tous les animaux & les végétaux sont produits par leurs semblables ; & que les autres soutiennent qu'il en est qui sont engendrés par les substances dans lesquelles ils vivent : ensorte que ces êtres n'ont ni pere ni mere ; & c'est ce qu'ils nomment *génération spontanée.* Voyons si cette assertion est fondée ; & afin de ne point nous exposer à l'erreur, commençons par établir un principe incontestable, qui puisse nous servir de guide.

PRINCIPE.

Tout être organisé participe constamment des caracteres de ceux dont il tire son origine. Si c'est un animal, il a la même conformation extérieure, la même structure intérieure que celle des auteurs de ses jours : il se nourrit des mêmes alimens, il habite les mêmes lieux, il a les mêmes habitudes, il passe par les mêmes

métamorphofes ; en un mot, il eſt ſemblable en tout à ceux qui l'ont engendré.

Si c'eſt une plante, ſa forme extérieure,
ſa ſtructure intérieure, ſon accroiſſement,
&c. ſont les mêmes que ceux de la plante
qui a produit la ſemence dont elle eſt née.

Ceci poſé, il ne s'agit plus que d'obſerver & de comparer.

Nous obſerverons les animalcules des
infuſions, les anguilles du vinaigre, les
mittes de la farine (1) ; & nous voyons que
ces inſectes demeurent conſtamment dans
la même ſubſtance qui les nourrit, qu'ils
ne tentent jamais d'en ſortir, qu'ils ne ſubiſſent aucune métamorphoſe ; & qu'enfin
ſi on les expoſe à l'air, ou ſi on les change
de lieu , ils périſſent preſqu'à l'inſtant.
Tous ces faits ſont inconteſtables. D'où
ces êtres viennent-ils ? Voilà le point de
la difficulté.

Il eſt certain que l'air n'en contient
point de ſemblables ; car outre qu'on n'en
a jamais trouvé dans cet élément, il eſt de
fait qu'ils ne ſçauroient y vivre, comme
nous venons de le remarquer. Les animalcules des infuſions ne ſe rencontrent ni
dans l'eau, ni dans les plantes, ni dans les
ſemences. Les anguilles du vinaigre ne
s'obſervent ni dans la ſéve de la vigne, ni

---

(1) *Nous nous bornerons ici à ces ſeuls êtres.*

dans le suc du raisin, ni même dans le vin. Le bled ne contient point de mittes, &c. &c. Tous ces faits sont confirmés par les observations les plus exactes : or, puisque ces insectes ne se rencontrent nulle part que dans le lieu où nous les voyons, puisqu'ils ne tentent jamais d'en sortir, & qu'ils ne sçauroient l'abandonner sans perdre la vie; il s'ensuit que, non-seulement les substances que ces insectes habitent sont les seules qui conviennent à leur nourriture, mais encore qu'elles seules les ont engendrés.

Ceux qui n'admettent point la génération spontanée, nous disent que ces êtres proviennent de la semence d'autres insectes que l'air a déposée sur différentes substances : mais cette raison, qui est réellement propre à satisfaire ceux qui se contentent d'une explication vraisemblable, ne nous paroît que spécieuse. Nous désirerions qu'elle fût fondée sur des faits, qu'on nous assûrât avoir vu ces semences, qu'on nous expliquât comment l'air s'en charge, comment il se fait que cet élément en contienne en tout tems une si grande quantité ; car il dépend de nous d'avoir tout-à-la fois des millions de greniers de farine couverte de mittes ; & cela dans un tems donné. Or, si personne n'a vu ces semences, comment peut-on affirmer qu'elles exiſtent ? Tout ce qu'on a dit à leur égard, eſt donc fondé ſur une ſuppoſition, qui nous paroît d'autant plus chimérique, qu'on ignore encore ſi les inſectes dont nous parlons, ſe multiplient.

Mais, dit-on, admettre la génération ſpontanée, c'eſt dire que le haſard a le pouvoir de créer des êtres vivans ; c'eſt renouveller la ridicule opinion des anciens ; c'eſt, en un mot, méconnoître la loi générale établie par l'Auteur de la nature pour la reproduction des animaux & des végétaux. Voyons ſi ces allégations méritent quelques égards.

1°. *C'eſt dire que le haſard a le pouvoir de créer des êtres organiſés.* Nous vivons dans un ſiecle trop éclairé pour craindre qu'on entreprenne de démontrer que le haſard ſoit un être créateur. Perſonne n'ignore que le haſard n'eſt qu'un mot imaginé pour exprimer notre ignorance ſur des cauſes inconnues. Ce ſeroit le comble de la folie que de l'enviſager ſous un autre aſpect. Si la génération exiſte, elle doit néceſſairement être produite par quelques loix établies par la divinité : car tout effet a ſa cauſe, & ſi un de ces effets eſt démontré exiſtant, l'ignorance de la cauſe qui le produit ne doit point être une raiſon ſuffiſante pour empêcher de l'admettre. Ainſi en regardant la génération ſpontanée comme poffible , nous ne dirons pas qu'elle eft l'effet de l'aveugle hafard , mais nous tâcherons de découvrir comment elle s'exécute.

2°. *C'eft renouveller la ridicule opinion des anciens.* Nous convenons qu'ils étoient dans l'erreur , en attribuant à la généra-tion fpontanée un pouvoir fans bornes ; mais , parce que des obfervations mieux faites nous ont fait connoître la vraie ori-gine d'un certain nombre d'êtres vivans ; s'enfuit-il que tous foient produits de la même maniere ? On fent combien cette conféquence eft déraifonnable. Si la géné-ration fpontanée a lieu , nous pouvons l'admettre fans qu'il foit néceffaire de foufcrire à tout ce qu'ont écrit fur ce fujet *Empédocle* , *Epicure* , *Pline* , *Virgile* , *Porta* , &c. &c. parce qu'il eft évident qu'il n'y a qu'un certain nombre d'êtres qui puiffent devoir leur origine à cette efpèce de génération ; & alors nous la confidé-rerons comme une génération particuliere & propre à certains individus , &c.

3°. Enfin, *c'eft méconnoître la loi gé-nérale établie par l'auteur de la nature pour la reproduction des animaux & des végétaux.* Mais ceux qui nous oppofent cette loi, la connoiffent-ils ? en quoi la font-ils con-fifter ? eft-ce, comme on le répéte tous les jours , en ce que tout animal vient d'un œuf, & toute plante d'une femence ? Mais ce n'eſt pas-là une loi générale ; car il n'y a que quelques individus qui ſoient dans ce cas : & quand il ſeroit vrai que tout animal proviendroit d'un œuf & toute plante d'une ſemence, ces œufs, ces ſemences ne ſont que des produits de la génération. Il eſt une cauſe à laquelle ils doivent leur exiſtence ; c'eſt cette cauſe qui mérite le nom de loi générale, & non l'effet qu'elle produit. Eſt-ce dans le concours des ſexes ? Mais nous connoiſſons des animaux & des végétaux, qui ſe multiplient ſans ce concours : ce n'eſt donc pas-là une loi générale. Eſt-ce enfin en ce que tout être produit ſon ſemblable ? Mais ſur quoi cette aſſertion eſt-elle fondée ? A-t-on obſervé la naiſſance de tous les êtres ? A-t-on des preuves de leur filiation ? Enfin a-t-on vu les œufs des animalcules des infuſions, ceux des mittes &c. ? Et ſi on ne les a jamais vus, s'il exiſte de fortes raiſons pour croire qu'ils en ſont dépourvus ; pourquoi s'autoriſer d'une loi générale, qui n'eſt rien moins que prouvée ? Avouons cependant qu'il en eſt une, en conſéquence de laquelle tous les êtres ſont produits ; mais elle eſt bien différente de celles dont nous venons de parler, & il eſt probable que, ſi on y eût réfléchi, on auroit eu moins de répugnance à croire à la génération

nération spontanée, qui en est une suite,
comme nous allons le voir.

Remarquons d'abord que les êtres produits par la génération spontanée ne se
manifestent, que quand les substances,
dans lesquelles ils doivent naître, ont subi
quelqu'altération, ou même la putréfac-
tion. Rappellons-nous ensuite que nous
avons dit (*Art. III, Sect. III*), que tout
composé hétérogene étoit dans une vicissi-
tude continuelle, parce que les molécules
qui le composent tendent toujours à agir
les unes sur les autres, & que les produits
qui résultoient de leur combinaison diffé-
roient selon les circonstances. Il nous semble qu'à l'aide de ces faits, il est très-facile
d'expliquer la formation des êtres produits
par la génération spontanée. Et en effet,
de quoi s'agit-il ici ? N'est-ce pas de produire un certain nombre de solides organisés ; & qu'est-ce que ces parties ? sinon,
comme nous l'avons dit, (*Article IV,
Section III*) un assemblage de molécules,
dont la différence constitue celles des solides & des fluides. Or, est-il contre la raison de croire que, lors de la décomposition d'une substance hétérogene, il y ait
un certain ordre de combinaisons, capables de produire des molécules propres à
se réunir, pour former un tout organisé,
dont la forme & la structure varieront

K

selon la nature, ou le caractere des molécules qui se feront combinées? Il nous semble que cette explication est d'autant plus admissible, qu'elle s'accorde à merveille avec ce que nous avons dit précédemment sur la génération. (*Voyez l'Article V, VI & VII de la Section III.*) La différence qu'il y a entre celle des insectes dont nous parlons, & celle des animaux, c'est que les substances, nécessaires pour la reproduction de ces derniers, font rassemblées dans des réservoirs, & que celles des seconds font contenues dans des composés, parce que la préparation des substances séminales des premiers a besoin de l'action des organes de l'animal, & que celle des seconds dépend de l'ordre dans lequel chaque composé se combine. Ajoutons enfin que les insectes produits par la génération spontanée, ayant des organes beaucoup moins nombreux & plus simples que ceux des autres animaux, les molécules, propres à les produire, ont besoin d'une préparation moins grande, &c. C'est ainsi que la nature varie ses procédés, sans multiplier les loix, & qu'une seule lui suffit pour produire une foule d'effets différens; & la preuve que la génération spontanée s'exécute de la maniere dont nous venons de l'expliquer; c'est qu'il dépend de nous d'obtenir d'une même substance tel ou tel être organisé : il ne s'agit pour cela que de déterminer telle combinaison plutôt que telle autre. Si, par exemple, au lieu d'abandonner la farine à elle-même, nous en faisons de la colle, nous obtiendrons des anguilles au lieu de mittes, qu'elle auroit fourni dans le premier cas. Si nous mettons cette colle dans un lieu humide, elle nous produira de la moisissure, ailleurs elle donnera des champignons, &c. &c.

On nous objectera sûrement qu'il est impossible de concevoir que la décomposition des corps, pendant laquelle toutes leurs parties intégrantes sont confondues pêle-mêle, puisse donner lieu à la production d'animaux aussi parfaits, que les insectes dont nous parlons. A cela nous répondrons que cette confusion, loin d'être un obstacle aux procédés de la nature, sert à les favoriser ; & en effet, c'est pendant que toutes les molécules d'un composé sont mélangées, & comme confondues les unes avec les autres, que s'operent les diverses combinaisons entr'elles, selon leurs rapports ; & lorsque les molécules nécessaires à la formation de telle ou telle partie sont réunies, nulle autre n'y peut être admise. Il arrive ici le même effet que celui qui a lieu dans les cristallisations, où l'on voit chaque cristal se former avec la régularité la plus exacte ; malgré la confusion apparente qui semble regner entre les molécules salines. Cet effet est encore plus sensible, lorsqu'après avoir dissous plusieurs sels dans la même eau, on les laisse ensuite se cristalliser ; on voit alors chaque sel reprendre la figure qui lui est propre, malgré la confusion qui paroissoit devoir exister entre leurs diverses molécules. La seule différence qu'il y ait ici, c'est que les sels sont des corps simples & inorganiques ; au lieu que les insectes sont des êtres composés & organisés : les molécules intégrantes de ceux-ci different de celles de ceux là, mais la maniere dont elles se réunissent, est la même dans tous.

Ce sujet est encore un de ceux qui exigeroient que nous entrassions dans de plus grands détails : mais forcés de les renvoyer à une autre fois, nous nous bornerons ici à ce simple exposé, que nous croyons suffisant, pour montrer que la génération spontanée doit être admise, & que la maniere dont elle s'opere, est une suite de la loi établie pour la reproduction de tous les êtres organisés, avec cette seule différence, que cette loi s'exécute ici par des moyens différens de ceux qui ont lieu pour la formation des autres êtres.

SEPTIEME SECTION.

Conjectures sur les principes primitifs.

L'ORDRE que nous avons suivi dans nos recherches sur la génération, nous ayant obligé de remonter jusqu'aux principes constituans des mixtes, nous croyons devoir soumettre à l'examen des Physiciens, les idées auxquelles nous avons été conduits sur ce sujet : mais avant, jettons un coup - d'œil sur l'opinion d'*Aristote*, que l'on sçait être presque universellement adoptée.

ARTICLE PREMIER.

Le feu, l'air, l'eau & la terre doivent-ils être considérés comme étant les principes des mixtes ?

IL semble, au premier abord, qu'il n'est pas possible de douter que le feu, l'air, l'eau & la terre soient les principes constituans des mixtes ; car, lorsqu'ils se décompo-sent, on voit ces élémens s'en dégager, excepté le feu, dont la présence ne se mani-feste que dans certains cas ; mais il s'en faut de beaucoup, que cette preuve soit aussi décisive qu'on le pense. Nous osons croire qu'on se seroit convaincu de son insuffisance, si, au lieu de s'en tenir à de simples apparences, on s'étoit livré à un examen plus approfondi.

Il nous paroît tout naturel de penser, que si tous les mixtes étoient composés d'élémens, ils devroient, lorsqu'ils se décomposent, se résoudre en feu, en air, en eau & en terre : or, cet effet a-t-il lieu ? Nous l'avons cru pendant quelque tems sur la foi de nos maîtres, mais l'observation nous a convaincu de la fausseté de cette assertion.

Il est bien vrai, comme nous venons de le dire, que, lorsqu'un corps se décompose, les élémens s'en dégagent; mais chacun d'eux contient des parties intégrantes du composé. L'air en est rempli, comme il est facile de s'en convaincre par l'odorat; l'eau en est saturée, comme l'annonce son goût & sa couleur; la terre en contient une très-grande quantité, qu'il est facile de reconnoître par un léger examen. Voilà donc des molécules simplement désunies, mais nullement décomposées. Cette remarque nous engagea à tenter de les réduire à leur état primitif. L'air n'eut sur elles nulle action; l'eau changea leur apparence : le feu en fit exhaler une partie,

& convertit le reste en poud e. Lorsqu'elle eut été lessivée, nous obtinmes un autre produit que le feu altéra encore, mais qu'il ne détruisit point : voilà donc des molécules indestructibles. Or, puisqu'il est impossible de les convertir en élément, comment sçait-on qu'elles sont composées de feu, d'air, d'eau & de terre? Et puisque rien ne le démontre, il est permis d'en douter. Voyons maintenant les raisons qui nous engagent à regarder cette opinion comme une erreur.

Nous demanderons d'abord aux Partisans d'*Aristote*, comment ils conçoivent que les élémens se réunissent pour former des mixtes. Est ce par le moyen de l'attraction ou en conséquence de leur figure? Nous admettrons volontiers l'une & l'autre explication, & même toutes celles qu'on voudra nous donner; car, quelles qu'elles soient, elles serviront également à prouver la foiblesse de la cause qu'ils soutiennent, voici pourquoi.

Si la réunion des élémens avoit lieu, n'importe comment elle s'exécutât, nous devrions voir les composés se multiplier avec la plus grande promptitude, & les élémens diminuer à vue-d'œil; car enfin, le feu, l'air, l'eau, la terre se trouvent partout réunis, mélangés, & prêts par conséquent à remplir leur destination :

pourquoi donc cet effet n'arrive-t-il point?
Pourquoi ces quatre élémens, réunis dans
un même lieu, ne se convertissent-ils pas
en composés? Dira t on que les mixtes ont
été formés dès le commencement du monde, par la toute-puissance du Créateur?
Mais Dieu a-t-il révélé aux hommes la
composition de ces mixtes? A-t-il dit qu'il
les avoit formés par le mélange des élémens? Non, sans doute: or, puisque ni
l'analyse, ni la synthese, ni la révélation
ne nous apprennent point que les parties
intégrantes des corps sont composées de
feu, d'air, d'eau & de terre, nous pouvons
donc regarder cette opinion comme dépourvue de toute vraisemblance Ajoutons
enfin qu'il ne paroît point conforme à la
sagesse du Créateur, de supposer qu'il a
formé les mixtes avec les matieres, dans
lesquelles ils devoient être contenus; car
il est évident que ç'auroit été les exposer à
la dissolution, immédiatement après qu'ils
auroient été formés. Une seule molécule
d'eau auroit suffi pour opérer ce désordre.

Tels sont en abrégé les motifs qui nous
ont empêché de souscrire à l'opinion générale. Celle que nous allons proposer,
n'est peut-être pas mieux fondée, mais au
moins est-elle plus vraisemblable; parce
qu'avec elle on peut expliquer des faits
sans nombre. Au reste, comme sur ce sujet

jet on ne peut que conjecturer, nous ne publions nos idées qu'à ce titre ; & c'eft tout dire.

ARTICLE DEUXIEME.

Nouvelle opinion fur les principes des corps.

Nous penfons que l'Etre fuprême, outre les élémens, a créé une matiere propre à fervir à la formation des corps ; nous la nommerons *Principe*.

L'inconcevable ténuité de cette matiere, l'impoffibilité de l'obtenir telle qu'elle eft fortie des mains du Créateur, font autant d'obftacles qui empêcheront conftamment de connoître fa figure, fes caracteres, &c. & d'affigner en quoi confifte la différence des principes ; car nous croyons qu'il en eft de plufieurs efpeces : du moins cela nous paroît néceffaire, pour expliquer comment cette matiere a pu produire tant de compofés différens. Nous ne tenterons point de déterminer le nombre de ces principes : nous dirons feulement que nous penfons que chaque efpece a des caracteres propres & des rapports particuliers, qui les empêchent de s'unir indiftinctement les uns avec les autres, mais qui font tels qu'un corpufcule ne peut s'unir qu'avec tel corpufcule de telle efpece, &c.

Nous croyons que l'Etre suprême a établi pour loi générale, que les qualités, la nature, les rapports, les propriétés de chaque composé varieroient à chaque nouvelle addition de parties; ensorte qu'un composé simple, c'est-à-dire, formé par la réunion de deux principes, différeroit totalement des principes qui le constituent; il n'a plus de rapport avec eux, mais il en a, ou avec d'autres, ou avec tel composé. L'addition de ce principe, ou de ce composé, produit un nouveau composé qui differe du précédent; & s'il se combine avec d'autres composés, il acquerra encore de nouveaux caracteres, de nouveaux rapports, &c. qui differeront de ceux qu'il avoit auparavant, & ainsi de suite, à chaque nouvelle combinaison. Ce que nous venons de dire d'un seul composé, doit être appliqué à tous les autres.

Voyons actuellement comment ces principes ont été disposés au commencement du monde, comment leur réunion s'est opérée, comment les premiers êtres ont été produits, la cause de leur variété; pourquoi ils different relativement aux climats, &c. mais pour cet effet il faut remonter à la formation de notre globe, sujet dont on s'est déja beaucoup occupé, & sur lequel cependant il n'existe rien de satisfaisant; ce qui nous a engagé à substi-

tuer une autre théorie à celles qu'on a publiées.

ARTICLE TROISIEME.

Nouvelle Théorie de la terre.

PRENDRE pour base de la théorie de la
terre son état actuel, c'est évidemment
s'exposer à l'erreur. Les nombreuses catas-
trophes qu'elle a éprouvées depuis qu'elle
existe, ont dû nécessairement détruire,
sinon toute, au moins la plus grande partie des preuves de son état primitif; ensorte que les faits, qui servent de fonde-
ment à plusieurs des théories qu'on a publiées, nous paroissent plus propres à at-
tester l'existence de ces révolutions, qu'à
démontrer ce qu'elle étoit au moment de
sa création. Nous croyons qu'il est bien
plus conforme à la raison, de nous trans-
porter au moment où le Créateur la tira du
néant; & là, munis des connoissances
physiques que nous possédons, observer ce
qui dut arriver de conforme aux loix im-
muables, établies par l'Etre suprême.

La sagesse éternelle, après avoir déter-
miné dans sa préscience l'ordre qui devoit
régner dans l'Univers, dont notre globe fait
partie, quelle place devoit y occuper ce globe, le nombre des élémens & des princi-

pes qui devoient le conftituer, quels feroient leur nature, leurs caracteres, leurs
propriétés, les loix auxquelles ils feroient
affujettis, ordonna qu'ils paruffent; & à
l'inftant leur exiftence fe manifefta. Ils fe
raffemblerent dans le lieu qui leur fut affigné, & formerent le cahos. Alors le feu
étoit fans action, l'air fans élafticité, l'eau
ne jouiffoit point encore de fa fluidité : les
principes étoient fans union, mais tous ces
corps étoient prêts à jouir de leurs propriétés; & il eft probable qu'ils ne refterent
pas long-tems dans cette inertie. Telle eft
l'idée que nous nous formons du cahos.
Arrêtons-nous un inftant fur fon utilité.

Plufieurs Ecrivains prétendent que cette
confufion entre les élémens & les principes eft inadmiffible, parce que, difent-ils,
elle paroît incompatible avec la fageffe du
Créateur. Nous penfons au contraire que,
loin d'être oppofée à fa prévoyance, elle
étoit, on ne peut plus, propre à l'exécution de fes deffeins ; & pour s'en convaincre, il fuffit de réfléchir fur ce qui fuit.

La terre étant deftinée à produire des
êtres de toute efpece, à fournir la matiere
de l'accroiffement à des végétaux innom-
brables, néceffaires à l'entretien de la vie
des animaux, il falloit qu'elle fût abon-
damment pourvue de matiere propre à ces
diverfes deftinations, & qu'elle fe trou-

vât partout ; or, rien ne pouvoit mieux remplir ce but que le cahos. De plus, il falloit que les principes fe réuniffent en- tr'eux, pour former des compofés, des fur- compofés, des combinaifons, afin de fer- vir à la production & à l'entretien des êtres ; & comme ces diverfes opérations exigent le concours des élémens, il étoit néceffaire qu'ils fuffent mêlés, confondus en quel- que forte avec les principes. Nous verrons dans un inftant quel autre avantage le Créateur a tiré de ce mélange informe.

Dans quel lieu de l'efpace le cahos exiftoit-il d'abord? Quelle fut fa durée ? Quand commença-t-il à fe mouvoir? Voici fur cela quelles font nos conjectures.

Nous penfons que le cahos fut formé dans un lieu très-éloigné du foleil, & que ce ne fut qu'à mefure qu'il s'approcha de cet aftre, que fa lumiere diffipa les téne- bres qui l'environnoient : ce qui fuppofe que le premier mouvement de notre glo- be fut un mouvement de progreffion vers le foleil; & que, quand il en eut approché affez près, l'action de cet aftre, conjointe- ment avec celle des autres planetes, l'em- pêcherent de parcourir fa rotation en ligne droite : ce fut alors qu'il commença fes ré- volutions diurnes. Voici les raifons qui nous engagent à regarder cette idée com- me probable.

Si le cahos eût été formé dans le lieu que la terre occupe actuellement, l'action du soleil auroit précipité les mélanges & les combinaisons des principes. Ces mélanges & ces combinaisons n'auroient eu lieu qu'à l'extérieur du globe ; & encore auroient-ils été très-imparfaits, parce que l'eau nécessaire pour les opérer eût été dissipée, à mesure que les molécules aqueuses se seroient réunies : d'où l'on voit qu'il étoit nécessaire que le cahos existât dans un lieu, où les combinaisons pussent s'opérer sans trouble, & également au centre comme à la surface.

Il est probable que la durée du cahos n'eut lieu que très-peu de tems. Nous nous fondons sur ce qu'il est naturel de croire, que lorsque toutes les matieres qui devoient constituer le globe, furent rassemblées, elles dûrent tendre à se réunir selon leurs rapports, & donner lieu ensuite à la forme de la terre. Cette époque, selon Moyse, arriva le troisieme jour : mais comme les interpretes ne sont pas d'accord sur le sens de ce mot, nous nous abstiendrons de prononcer sur cette question.

Quant au tems, où le cahos commença à se mouvoir, nous n'avons rien qui puisse nous conduire à des conjectures plausibles. Tout ce que nous avons de certain à cet égard, c'est que, lorsqu'il commença à se

mouvoir, il n'avoit point encore de foli-
dité; c'est ce qu'atteftent l'élévation de l'é-
quateur & l'applatiffement des pôles.

Immédiatement après que les élémens
& les principes furent raffemblés, ils com-
mencerent à fe réunir felon leurs divers
rapports. L'eau nous paroit devoir être le
premier produit de cette opération, parce
qu'elle n'avoit befoin pour fe manifefter,
que de la réunion de ces molécules diffé-
minées dans le cahos, & que d'ailleurs il
étoit néceffaire que ce liquide exiftât le
premier, pour donner aux principes la mobilité néceffaire pour favorifer leur réunion.

Pendant que ces effets s'opéroient, l'air,
le feu manifefterent leur préfence : les parties du cahos fe rapprocherent par le
moyen du mouvement de rotation ; &
obligerent une partie de l'eau à refluer vers
la furface du globe qu'elle couvrit. Ces
changemens ne purent qu'accélérer les
combinaifons des principes : mais alors la
chaleur intérieure fe manifefta : l'air raré-
fié occupa plus d'efpace, celui qui étoit
plus près de l'extérieur du globe écarta les
matieres qui s'oppofoient à fon éruption ;
à ces cavités en fuccéderent d'autres plus
ou moins grandes, qui fervirent de réfervoirs aux eaux, qui y affluerent de toutes
parts : de-là, l'origine des mers, des lacs,
des fleuves, &c. L'air contenu à de plus

grandes profondeurs, & qui, par cette raison, ne pouvoit se faire d'issue, souleva des masses de matieres plus ou moins considérables, & forma des cavités plus ou moins étendues, dont les unes se remplirent d'eau & les autres resterent vuides : telle est l'origine des montagnes primitives, des gouffres, des cavernes, des grottes, &c. qui concoururent à rendre la terre habitable, en en procurant le desséchement.

Mais, tandis que ces effets s'opéroient, une partie de l'air s'exhaloit à la circonférence du globe & formoit l'atmosphere; l'eau que l'air absorboit en s'élevant, & celle que la chaleur intérieure du globe forçoit de se subtiliser, produisirent les premiers nuages, qui par la suite, se dissiperent en rosée. Ce ne fut que lorsque l'équilibre entre l'air intérieur & extérieur fut établi, que cet élément cessa de produire de nouveaux effets dans l'intérieur du globe, & alors la terre se trouva propre à produire des êtres organisés.

Telle est en abrégé la maniere dont nous concevons la formation de notre planete. On voit que cette théorie est, on ne peut plus simple, & qu'elle s'accorde, on ne peut mieux, avec nos connoissances physiques. Les causes qui, selon nous, ont produit tous les effets dont nous avons parlé, ont été les mêmes que celles qui en operent journellement de femblables, avec cette feule différence qu'elles ont agi avec toute leur énergie, & de-là, ces produits étonnans au premier coup-d'œil, mais qui n'ont rien que de très-naturel, lorfqu'on les examine avec réflexion.

D'après cet expofé, on conçoit pourquoi il eft impoffible de trouver dans la nature un élément qui ait confervé fa pureté primitive; pourquoi, à quelques profondeurs que l'on creufe, on ne rencontre que des compofés, & jamais de principes fimples, &c. &c.

ARTICLE QUATRIEME.

De la premiere formation des êtres or-
ganifés.

A PEINE la volonté du Créateur fe fut-elle manifeftée, que la terre, qui n'étoit qu'une vafte folitude, devint un lieu de délices. Des plantes auffi variées que nombreufes ornerent fa furface; des animaux de toute efpece parcoururent fon étendue; l'air & l'eau eurent chacun leurs habitans; enfin l'homme parut pour jouir du fpecta-cle majeftueux, que la nature offroit à fes regards étonnés, & qu'elle continuera de préfenter à tous ceux qui la contempleront avec l'attention dont elle eſt digne.

Mais comment le Créateur a-t-il formé tant de merveilles? Rien, ſelon nous, de plus facile à concevoir, d'après ce qui a été dit précédemment.

Les matieres néceſſaires pour la formation des êtres organiſés étoient préparées par les combinaiſons ſucceſſives qu'elles avoient ſubies. Il ne s'agiſſoit plus que de les réunir en nombre & en proportions différentes, pour en former les divers êtres, & y joindre le principe de vie convenable à chacun d'eux. C'eſt ce qu'opéra la ſeule volonté de l'Être ſuprême. L'homme ſeul eut la prérogative de recevoir de la divinité un principe de vie plus parfait, que celui des autres créatures. Telle eſt l'origine des premiers êtres organiſés qui, ſelon nous, ſont les ſeuls que le Créateur ait produits immédiatement.

ARTICLE CINQUIEME.

De la formation des minéraux.

Lorsqu'on compare les minéraux avec les animaux & les végétaux, on voit que la ſtructure des premiers eſt beaucoup plus ſimple, puiſqu'elle ne conſiſte que dans la réunion de pluſieurs molécules, qui forment un tout uniforme, d'où il eſt facile

de concevoir que leur formation exige
moins de travail ; aussi est-elle due uniquement à des combinaisons plus ou moins
nombreuses , qui ont eu lieu entre des
composés réunis par des circonstances particulieres. La qualité des matieres, le lieu
où elles ont été rassemblées , & les circonstances qui ont favorisé leur combinaison, sont autant de causes de la diversité des produits du regne minéral. Il ne
s'agit , pour concevoir ceci , que de se
rappeller ce que nous avons dit à l'article
des combinaisons, & alors on comprendra
facilement que les produits de cette opération ont dû différer en raison du nombre
& de la variété des matieres réunies ; que
les combinaisons , qui se sont exécutées
vers le centre du globe , & celles qui se
sont opérées vers la surface, ont dû produire des composés différens ; que celles
qui ont eu lieu sous l'équateur , ont dû
fournir des substances différentes des composés , produits par les combinaisons qui
se sont exécutées aux pôles, &c. &c.

Telle est , selon nous, l'origine des mé-
taux, des birumes, & en général de toutes les substances du regne minéral. Telles
sont aussi les causes de leur variété & les
raisons pour lesquelles on ne trouve que
telle substance dans une contrée, telle autre dans une autre; & pourquoi, lorsqu'on

rencontre les mêmes composés dans diverses régions du globe, ils présentent toujours
des différences plus ou moins sensibles.

Mais, dira-t-on peut-être, est-il bien
vrai que toutes les substances du regne minéral soient dues à des combinaisons ?
Nous pensons qu'il n'est pas possible d'en
douter : voici le principe sur lequel nous
nous fondons.

Il est clair que, dès-lors que nous formons des composés semblables en tout à
ceux que la nature produit, nous pouvons
assûrer que nous possédons son secret, sur-
tout quand, en analysant ces composés,
on retrouve les mêmes substances dans l'un
& dans l'autre : or, il est en notre pouvoir
de faire du soufre, du cinabre, du gypse,
du spath, du cristal de roche, &c. semblables à ceux que la nature produit ; &
comme ces composés sont autant de ré-
sultats de diverses combinaisons, il s'ensuit que nous pouvons assûrer que c'est
ainsi que la nature les forme.

Il est vrai qu'il nous reste encore beaucoup d'autres substances minérales, qu'il
nous est impossible d'imiter : mais c'est
parce que nous ignorons la nature & le
nombre des composés nécessaires à leur formation, c'est que le tems & les moyens
nous manquent. Peut-être tel métal, tel
minéral est-il l'ouvrage de plusieurs siecles.

Malgré ces difficultés, chaque jour ajoute à nos connoissances. Déjà on nous annonce la maniere de faire de l'arsenic, du fer, du sable. La suite de nos succès en ce genre dépend de nos travaux, & peut-être du hasard : mais ce seroit une folie que d'espérer tout apprendre.

ARTICLE SIXIEME.

Des changemens que le globe a subis.

ON conçoit, d'après ce que nous venons de dire, relativement à la maniere dont la terre est devenue habitable, qu'il devoit y avoir une grande différence entre son état primitif, & celui où nous la voyons. Sa position, à l'égard du soleil, étoit telle, que cet astre l'éclairoit également d'un pôle à l'autre; ensorte que les jours étoient égaux partout. Son extérieur étoit rempli de montagnes beaucoup plus nombreuses qu'aujourd'hui & moins hautes : les mers, les fleuves, les lacs étoient moins multipliés qu'ils ne le sont actuellement, parce que les gouffres, les cavernes & une infinité de cavités moins considérables, dont son intérieur étoit rempli, servoient de réservoirs aux eaux, qui maintenant coulent sur sa surface. Il est probable que cet état fut de courte durée; car, quoique le globe fût moins exposé à subir des chan-

gemens qu'il ne l'est aujourd'hui, il y a
tout lieu de croire que le tems en produisit
quelques-uns ; que des montagnes s'écrou-
lerent, que des voûtes s'affaisserent, que
la mer étendit ses limites, &c. &c. Mais
ces accidens n'étoient rien, en comparai-
son du bouleversement général, occasionné
par le déluge. Parmi les affaissemens que
cet événement produisit sur toute la surface du globe, ceux qui eurent lieu vers
le pôle austral furent beaucoup plus nombreux : les eaux s'y porterent bientôt avec
impétuosité, surchargerent cette partie de
la terre, & forcerent son axe à s'incliner.
A peine ce mouvement eut-il commencé,
que de nouveaux torrens affluerent de toutes parts : la rapidité de leur cours détruisit les montagnes les moins solides, en-
traîna des matieres de toute espece, qui
comblerent les cavités formées par l'affais-
sement des souterrains, creusa les lits de
plusieurs fleuves; en un mot changea toute
la surface du globe, que les volcans, les
tremblemens de terre, les engloutisse-
mens, les inondations ont encore rendu
différent de ce qu'il étoit alors.

Il est facile, d'après ce court exposé,
d'expliquer la cause de l'obliquité de l'é-
cliptique ; l'origine de la vaste mer qui
regne vers le pôle austral ; pourquoi l'on
trouve à la surface de la terre, ainsi qu'à

de très-grandes profondeurs, des corps de toute espece; pourquoi l'on rencontre des bans de coquillages; pourquoi l'on voit tant de montagnes dénudées, tant de vallons qui semblent être des mers desséchées; pourquoi les angles saillans des montagnes répondent aux angles rentrans d'autres montagnes, &c. &c.

ARTICLE SEPTIEME.

Idée des changemens que les êtres subissent.

Pour peu qu'on observe la nature, il est facile de se convaincre, que tous les êtres n'ont qu'une existence passagere. A peine sont-ils parvenus à leur perfection, que bientôt ils dépérissent & disparoissent; mais rien de ce qui les composoit ne s'anéantit; leurs parties intégrantes, après s'être dégagées du tout qu'elles formoient, concourent à produire de nouveaux corps. C'est ainsi que les êtres se succedent, que les formes changent, & que rien ne périt. Jettons un coup d'œil sur la maniere dont s'operent ces changemens.

La décomposition de tous les êtres s'exécute, ou par l'action des élémens, ou par celle de quelques composés. L'effet des uns & des autres est de détruire l'union qui existoit entre les molécules intégrantes des corps sur lesquels ils agissent. Mais ces molécules devenues libres, se combinent presque aussi-tôt, d'où résultent de nouveaux composés, qui varient selon les circonstances (*Voyez l'Art. III. de la Troisieme Section.*). C'est à ces décompositions plus ou moins parfaites, & aux combinaisons qui leur succedent, que l'on doit attribuer tous les changemens qu'on observe dans les êtres organisés, qui ont perdu le principe de vie qu'ils possédoient, tels que l'odeur, le goût, la couleur, les moisissures, des insectes, &c. &c.

Toutes les molécules qui, lors de la décomposition naturelle des êtres, se dispersent dans l'air, que l'eau entraîne dans la terre, ou qui restent sur sa surface, ne sont point perdues pour la nature : elles concourront par la suite à féconder le sol sur lequel elles auront été déposées; l'eau, qui est leur véhicule, les introduira dans des semences; & là elles subiront des combinaisons, qui les rendront propres à servir à l'accroissement des végétaux; & peu-à-peu ces molécules, dont la couleur étoit si désagréable & l'odeur si rebutante, produiront les fleurs les plus variées, les parfums les plus recherchés, & des fruits de toute espece. Ces changemens si admirables seront uniquement produits par des combinaisons successives, comme nous espérons

pérons le prouver, lorsque nous nous occuperons de la végétation.

Mais ces productions subiront bientôt
le sort commun à tous les êtres; & alors
leurs débris concourront à former d'autres
végétaux : si elles deviennent l'aliment de
quelques animaux, les parties intégrantes
de ces plantes, de ces fruits, &c. éprou-
veront des combinaisons différentes de
celles qu'elles auroient subies, si elles eussent
pénétré dans des semences; d'où résulteront des molécules propres à former le
chyle, le sang, les humeurs & les divers
solides de l'animal qui s'en sera nourri. Si
ces animaux servent de nourriture à d'autres, les parties intégrantes des premiers
subiront encore d'autres combinaisons,
d'où résulteront de nouvelles molécules
propres à servir à l'accroissement, à la nutrition & aux diverses sécrétions des animaux qui s'en seront nourris; enfin les débris de ces derniers, dispersés dans la nature, serviront à la reproduction de nouvelles plantes, &c.

Il nous semble que ceci doit suffire pour
donner une idée des changemens succes-
sifs, que subissent les molécules intégrantes des corps, & pour montrer comment
la destruction des uns est utile à la reproduction des autres.

M

ARTICLE HUITIEME.

Résumé.

IL résulte de tout ce qui a été dit dans le cours de cet Ouvrage :

1°. Que le cahos n'étoit autre chose que l'assemblage des élémens & des principes des corps.

2°. Que ces élémens & ces principes, qui d'abord étoient sans action, ne tarderent pas à jouir de leurs propriétés.

3°. Que les principes se réunirent selon leur rapport, & formerent des composés simples, qui différerent totalement des élémens, par leur nature & leurs qualités.

4°. Que ces premiers composés se combinerent ensuite selon leurs rapports ; d'où résulterent d'autres composés différens des premiers.

5°. Que ce ne fut qu'après que la matiere eut subi plusieurs combinaisons, qu'elle fut propre à former des êtres vivans.

6°. Qu'alors le Créateur produisit cette étonnante variété d'animaux & de végétaux qui nous environnent, en rassemblant, par le seul acte de sa volonté, & combinant en nombre & en proportion différente, les matieres propres à chacun d'eux.

7°. Que les animaux & les végétaux, qui ont la faculté de se reproduire, sont les seuls qui furent formés immédiatement par le Créateur.

8°. Que l'homme est le seul être qui reçut de la Divinité une ame immortelle.

9°. Que la formation des êtres produits par la génération spontanée, ainsi que celle de tous les corps du regne minéral, dépend de la nature des matieres réunies, & de l'ordre dans lequel elles se combinent.

10°. Que la matiere propre à l'accroissement des êtres organisés, est travaillée par des combinaisons successives, au moyen desquelles elle acquiert le caractere des parties, dont elle doit augmenter le volume.

11°. Que les liqueurs fournies par les organes sécrétoires n'acquierent leur perfection que par une suite de combinaisons, qui continuent encore après que ces liqueurs sont évacuées.

12°. Que les substances séminales, produites par le mâle & la femelle de chaque espece d'êtres organisés, réunies dans les lieux où doivent se former de nouveaux individus, éprouvent une suite de combinaisons, qui produisent successivement de nouveaux êtres.

13°. Que la perfection de ces êtres,

ainsi que leur vieillesse, dépend de la suite des combinaisons que leurs fluides éprouvent, & qui changent l'état de leurs solides.

14°. Que lorsque les corps organisés se décomposent, leurs parties intégrantes se combinent, à mesure qe'elles se dégagent du tout qu'elles formoient : d'où résultent des produits très-variés.

15°. Que les parties intégrantes de tous les corps qui se décomposent, admises dans les semences des plantes, éprouvent des combinaisons qui les rendent propres à former des végétaux, &c.

16°. Que ces végétaux, mangés par des animaux, se convertissent en leurs substances après avoir subi plusieurs combinaisons.

17°. Que ces animaux, après avoir éprouvé d'autres combinaisons, se convertissent en la substance de ceux qui s'en sont nourris.

18°. Enfin, que la combinaison est l'unique moyen, par lequel la matiere est rendue propre à former tous les corps de la nature, excepté les élémens.

CONCLUSION.

La combinaison doit donc être considérée, comme une des loix générales établies dès le commencement du monde par la fageffe éternelle. Si l'on réfléchit fur la fimplicité de cette caufe, fur la variété des moyens par lefquels elle produit une foule de merveilles, on verra qu'elle s'accorde, on ne peut mieux, avec les connoiffances que nous avons de la nature, & dès-lors on n'héfitera point à la regarder comme une de ces grandes vérités, capables d'influer fur les progrès de la phyfique, de l'hiftoire naturelle & de la médecine.

Nous ne prétendons point annoncer ici une nouvelle découverte ; les perfonnes inftruiftes fçavent qu'il y a long-temps que l'on connoît la combinaifon & fes effets ; mais nous n'avons vu nulle part qu'on lui ait attribué un pouvoir auffi étendu, que celui que nous venons de lui reconnoître, & que nous étions bien éloignés de foupçonner, lorfque nous commençâmes nos recherches (1). Au refte,

---

(1) Il eft cependant vrai que, parmi les nombreux écrits qu'on a publiés fur la génération, il en eft dans lefquels on rencontre quelques idées qui femblent fe rapprocher de la nôtre. Telles font celles des perfonnes qui ont comparé la génération à l'attraction, aux végétations chimiques, à la criftallifation, &c, mais aucun n'a parlé de la combinaifon. Nous aimons à croire qu'elles avoient entrevu la loi que nous venons de reconnoître : peut-être même ne leur manquoit-il qu'un mot pour les conduire à la connoiffance de cette vérité. Quoi qu'il en foit, il eft certain que nous ne fommes redevables à perfonne des idées que nous venons d'expofer, & fi elles ont quelques rapports avec celles qu'on a publiées, renonçant au plaifir de croire que nous les devons à notre travail,

nous supplions nos Lecteurs de vouloir bien se rappeller ce que nous avons dit dans l'Avertissement , & d'être bien persuadés que , quoique ces recherches nous aient coûté beaucoup de temps & de travail , nous n'y attacherons d'importance qu'autant qu'elles auront été jugées utiles.

---

nous nous bornerons à la satisfaction d'avoir donné plus de probabilité aux conjectures de ceux qui nous ont précédés dans la carriere que nous venons de parcourir.

F I N.

TABLE

Fin de la Table.

tant de fois que bon lui semblera ; & de le faire ven-
dre, & débiter par tout notre Royaume, pendant le
temps de cinq années consécutives, à compter du jour de
la date des Présentes. FAISONS défenses à tous Imprimeurs, Libraires & autres personnes, de quelque qualité & condition qu'elles soient, d'en introduire d'impression étrangere dans aucun lieu de notre obéissance.
A LA CHARGE que ces Présentes seront enrégistrées
tout au long sur le Registre de la communauté des Imprimeurs & Libraires de Paris, dans trois mois de la
date d'icelles, que l'impression dudit Ouvrage sera faite
dans notre Royaume & non ailleurs, en bon papier &
beaux caracteres, que l'Impétrant se conformera en tout
aux Réglemens de la Librairie, & notamment à celui
du 10 Avril 1725, & à l'Arrêt de notre Conseil du 30
Août 1777, à peine de déchéance de la présente Permission ; qu'avant de l'exposer en vente, le manuscrit qui
aura servi de Copie à l'impression dudit Ouvrage sera
remis dans le même état où l'Aprobation y aura été don-
née, ès mains de notre très-cher & féal Chevalier Garde
des Sceaux de France, le sieur HUE DE MIROMESNIL,
Commandeur de nos Ordres ; qu'il en sera ensuite remis
deux Exemplaires dans notre Bibliotheque publique, un
dans celle de notre Château du Louvre, un dans celle
de notre très-cher & féal Chevalier Chancelier de France,
le sieur DE MAUPEOU, & un dans celle dudit sieur HUE
DE MIROMESNIL : le tout à peine de nullité des Présentes. Du contenu desquelles vous mandons & en-
joignons de faire jouir ledit Exposant & ses ayans cause
pleinement & paisiblement, sans souffrir qu'il leur soit
fait aucun trouble ou empêchement. VOULONS qu'à la
copie des Présentes, qui sera imprimée tout au long, au
commencement ou à la fin dudit Ouvrage, foi soit
ajoutée comme à l'original. COMMANDONS au premier
notre Huissier ou Sergent sur ce requis, de faire pour
l'exécution d'icelles tous Actes requis & nécessaires, sans
demander autre permission, & nonobstant clameur de
Haro, Charte Normande, & Lettres à ce contraires.
CAR tel est notre plaisir. DONNÉ à Paris le vingt-
huitieme jour du mois de Mai, l'an de grace mil sept
cent quatre vingt-trois, & de notre regne le dixieme.
Par le Roi en son Conseil.

LE BEGUE.

*Régistré sur le Registre XXI. de la Chambre Royale &
Syndicale des Libraires & Imprimeurs de Paris, N°. 2920.*

fol. 879, conformément aux dispositions énoncées dans la présente Permission, & à la charge de remettre à ladite Chambre les huit Exemplaires prescrits par l'article CVIII du Réglement de 1723. A Paris, ce 30 Mai 1783.

LE CLERC, Syndic.